SABA's KITCHEN

晚餐请吃
七分饱

萨巴蒂娜◎主编

U0275985

中国轻工业出版社

善待自己的身体，请吃七分饱

人吃饱是需要大脑来感知的，如果吃得太快，大脑还没有觉察到饱的时候，已经吃下很多东西了。吃饭这么一件美好的事情，为什么不慢慢享受呢？要慢慢吃，每一口都细细咀嚼，感受美食给人类带来的善意。

要吃得精致，不要用外卖来委屈自己的胃。事实上，随着中国各个领域的巨大进步，生活变得越来越便利，现在下厨做饭早已不是一件难事，也不需要太多的操作。每天吃自己亲自做的餐食，难道不是生活品质提高的一种象征吗？穿名牌容易，而过正常的简单生活才值得追求。

要吃得健康，尽量吃健康的肉类，丰富的蔬菜和瓜果，煲一锅好汤，把粗粮做得可口好吃。而吃健康美食的前提是要学会给自己做饭。

要吃自己爱吃的东西，不要强迫自己吃不爱吃的。如果你特别爱吃蛋糕，那么可以来一小份。只要不是吃很多，高脂高糖的食物对身体也没有什么伤害。越是限制自己，反而越容易失控。要学会和自己的身体达成和解，呵护自己的胃口，善待自己的欲望。

要学会动脑子，把一些不爱吃的蔬菜做成自己爱吃的美食，比如我以前不爱吃苹果，但是榨汁之后（带渣一起喝）我就喜欢了。我不爱吃芹菜，但是如果做成芹菜馅饺子，便觉得去油解腻，味道一流。洋葱我也不爱吃，但是切片做成三明治，就觉得食材的味道都多了很多层次。食谱丰富之后，每天身体都觉得满足，反而对那些高热量、高脂肪、高糖的食物失去了渴望。

每天吃到七分饱，而精神却能得到十分的满足。

享受每餐七分饱，便是生活高潮之所在。

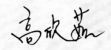

萨巴小传：本名高欣茹。萨巴蒂娜是当时出道写美食书时用的笔名。曾主编过五十多本畅销美食图书，出版过小说《厨子的故事》，美食散文集《美味关系》。现任"萨巴厨房"主编。

敬请关注萨巴新浪微博　www.weibo.com/sabadina

萨巴蒂娜
个人公众订阅号

目 录
CONTENTS

容量对照表
1 茶匙固体调料 = 5 克　　1 茶匙液体调料 = 5 毫升
1/2 茶匙固体调料 = 2.5 克　　1/2 茶匙液体调料 = 2.5 毫升
1 汤匙固体调料 = 15 克　　1 汤匙液体调料 = 15 毫升

Monday
周一
清淡

清香鸡肉串
016

番茄炖龙利鱼
018

日式炒肥牛
020

鸡胸肉菠萝沙拉
022

萝卜沙拉
024

凉拌茄子
026

苦瓜炒蛋
028

燕麦饭
030

紫薯饭
031

红薯焖饭
032

青椒蛋糙米饭团
034

银耳木瓜糙米粥
036

番茄豆腐羹
038

南瓜汤
040

菠菜豆腐汤
042

Tuesday
周二
清爽

味噌烤鳕鱼
044

芦笋三文鱼
046

时蔬炒鱼饼
048

黄瓜炖鸡胸
050

海蜇手撕鸡
052

鸡胸玉米沙拉
054

西蓝花坚果沙拉
056

南瓜丝沙拉
058

奶酪焗南瓜
060

杂粮小馒头
062

窝窝头
064

土豆菠菜糙米饭团
066

茶泡饭
068

玉米浓汤
070

海带豆芽汤
072

五谷杂粮粥
074

Wednesday
周三
温润

牛肉沙拉
076

圆白菜鸡肉卷
078

荷兰豆炒腊肠
080

盐烤鲅鱼
082

番茄烩虾仁
084

冰草虾仁沙拉
086

纸包鱼柳
172

三文鱼烧蘑菇
174

菜心小银鱼
176

土豆炒青椒
178

炒合菜
179

凉拌菠菜魔芋
180

紫薯饼
182

红豆粗粮饭
184

山药二米粥
185

山药花生莲藕露
186

绿豆汤
187

排骨玉米汤
188

初步了解全书

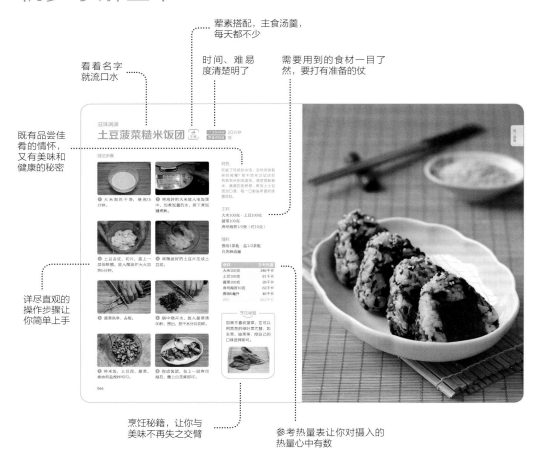

看着名字就流口水

荤素搭配，主食汤羹，每天都不少

时间、难易度清楚明了

需要用到的食材一目了然，要打有准备的仗

既有品尝佳肴的情怀，又有美味和健康的秘密

详尽直观的操作步骤让你简单上手

烹饪秘籍，让你与美味不再失之交臂

参考热量表让你对摄入的热量心中有数

为了确保菜谱的可操作性，
本书的每一道菜都经过我们试做、试吃，并且是现场烹饪后直接拍摄的。
本书每道食谱都有步骤图、烹饪秘籍、烹饪难度和烹饪时间的指引，确保您照着图书一步步操作便可以做出好吃的菜肴。但是具体用量和火候的把握也需要您经验的累积。

七分饱健康理念

关于七分饱

所谓"七分饱"到底是什么意思

人们经常说，吃饭吃个七分饱就可以了，这样对身体好。话虽如此，可"七分饱"究竟是什么意思呢？

所谓七分饱，就是肚子还没有完全饱，但看到眼前的食物，已经没有刚开始吃的时候那种欲望，吃的速度也开始明显变慢。这时候，我们还是会习惯性地想多吃。但如果把食物拿开，我们也不会感到饥饿。在这个时候停下进食，我们就不会肥胖。

如何判定自己已经"七分饱"了

或许你会说：我完全感受不到是几分饱？

这是因为我们在进食时没有仔细感受过饱感。七分饱最明显的感觉就是"我已经吃饱了，剩下的食物感觉可吃可不吃"，在这个时候停止进食，就是所谓的七分饱。在吃饭的时候，有意将吃饭的速度变慢，久而久之，就能体会到不同的饱感。

身体需要的热量

计算一日身体所需热量的方法

为了改变饮食习惯，首先要了解一日所需的热量。按照以下方法来计算自己一日所需要的热量吧！

（1）计算自己的标准体重

身高（米）×身高（米）×22＝标准体重（千克）

如：身高160厘米：1.60×1.60×22＝56，标准体重为56千克。

×

（2）根据每日活动量、工作强度计算热量

文案工作等轻体力职业：30千卡左右

教师、医生等站立工作比较久的中等体力职业：35千卡

运动员等重体力劳动职业：40千卡

=

（3）根据前两步骤计算所需热量

标准体重（千克）×不同职业下的所需热量＝一日所需热量

如：标准体重56千克，是文案工作者：56×30＝1680，即一日需1680
千卡热量。

节食、断食真的有效吗

很多人喜欢快速瘦身，会采用一些比较极端的减肥方法。但瘦身并不只是一段时间的坚持，如果减肥结束后就立即恢复之前的饮食习惯，那么一定会反弹的。如果想从根本上调整自身状态，就要选择一种你可以坚持下去的方法，这样的方案才是有意义的。

在营养均衡的前提下，计算食物的热量，控制自己的饭量，有一个长期的、稳定的、健康的减肥过程，这才是身体最喜欢的方法。

饮食最重要的是平衡

一日需要哪些营养

蛋白质是由氨基酸构成的，食物中的蛋白质在人体中经过消化分解为氨基酸，再被人体所用。缺乏蛋白质会使人的体质变弱，但过多食用蛋白质会导致脂肪增加。

脂肪是人体重要的能量来源。但过多摄入脂肪势必会引起肥胖。很多人认为节食可以减肥，但其实饥饿不仅会消耗脂肪，还会大量分解身体中的蛋白质，影响身体健康。

碳水化合物可以合成糖并储存起来，保证能量的供应。但如果过多摄入碳水化合物，会在内脏中形成脂肪，也会影响健康。因此必须要控制摄入量。

膳食纤维有助于食物的消化，可以促进肠道消化酶的分泌。膳食纤维可增加饱腹感，从而减少食物的摄入，有助于控制体重。

维生素及矿物质是人体不可或缺的营养元素，有助于调节人体的新陈代谢，提高生理机能。肥胖人群尤其要注意对维生素和矿物质的足量摄入，可以抑制糖分及脂肪的吸收，使身体逐渐回归到较佳的状态。

✘ 不吃碳水化合物

有人为了减肥，完全不吃碳水化合物，这样虽然减重效果明显，但会引发很多问题。如减掉的不仅是脂肪还有肌肉、一旦恢复吃主食立马反弹等。摄入适量的碳水化合物对我们身体是有好处的。可以将含有碳水化合物的食材做些改动，如将大米白面换成杂粮等。

✘ 运动却不控制饮食

三分动、七分吃，这个道理大家都听过。合理饮食在健身中起到非常大的作用。运动过后身体需要补充在运动中消耗的能量，此时是增肌的黄金时间，可以摄入高碳水化合物、高蛋白质的食物。

拒绝不好
的饮食习惯

✘ 暴饮暴食

暴饮暴食是非常不可取的，它会破坏身体的稳定，一般在暴饮暴食过后会造成更大的心理负担。为避免这种现象，我们要保证按时吃三餐，不要让身体处于过度饥饿的状态下。

✘ 常常外食

在当前的生活环境下，很多人选择外食或者外卖。一般餐馆的饭菜为了保证色香味会使用过多的食用油和调味料，因此我们会摄入过多饱和脂肪酸。所以，在条件允许的情况下，还是应该在家健康饮食。即使外出就餐，也应该选择相对少油、少盐的健康料理。

为了健康，可多吃这些食物

海带

海带富含钾、碘等矿物质和不饱和脂肪酸。海带表层附着着一种名为甘露醇的物质，有助于消肿利尿。海带热量低，膳食纤维丰富，能增加饱腹感。

菠菜

菠菜富含多种维生素、胡萝卜素等，是一种营养价值很高的蔬菜。菠菜中含有大量的膳食纤维，有助于促进肠蠕动。

糙米

糙米富含优质的蛋白质，非常有利于人体的健康发育。糙米还富含碳水化合物及膳食纤维，消化速度慢，在减脂期是一种很好的主食选择。

三文鱼

三文鱼最吸引人的特点就是含有丰富的不饱和脂肪酸。高蛋白、低热量，且能满足多项营养需求。三文鱼的钾含量丰富，有助于消肿利尿。

鸡胸肉

鸡胸肉是减脂人士的最爱，其含有优质的蛋白质。但烹饪的方法也很重要，尽量选择水煮或者煎、烤等方法，来代替油炸。

西蓝花中含有丰富的蛋白质、维生素等。其热量低，在十字花科中属于高纤维食物，能促进肠蠕动。但西蓝花中很容易有残留农药，在吃之前，放入盐水或苏打水中浸泡，清洗后再食用。

坚果中的维生素和矿物质有助于肌肤的保湿和延缓衰老。其中富含的膳食纤维也能降低脂肪的吸收率，增加饱腹感。因此每日应少量食用坚果。

牛油果是一种低糖的水果，被称为"森林奶油"，其中含有的叶黄素，有助于清除人体内多余的胆固醇，提高人体的新陈代谢。

香蕉中富含几乎所有的维生素和矿物质。这些维生素可以促进糖类和脂肪的代谢。香蕉中的膳食纤维能增加饱腹感，还能促进肠蠕动。

蓝莓中的花青素在所有水果蔬菜中含量是最高的，其有减缓衰老的功效。蓝莓中含有的果胶，有助于调节血糖平衡，增加代谢。

周一清淡

经过了周末的洗礼，吃一餐清淡的饭菜让胃口放个假吧。简单的操作最能激发食材本身的味道，美味又不失营养。

健康的烤串

清香鸡肉串 荤菜

⏱ 烹饪时间　20分钟
🔥 难易程度　低

做法步骤

❶ 烤箱提前预热至180℃。

❷ 鸡胸肉洗净，切成3厘米见方的块。

❸ 南瓜去皮、去瓜瓤，切成3厘米见方的块。

❹ 黄瓜洗净，切成3厘米见方的块。

❺ 将黄瓜块、鸡胸肉和南瓜块交替穿到竹签上。

❻ 将黑胡椒酱和生抽搅拌均匀。

❼ 将肉串放入烤盘中，将调好的酱汁均匀涂抹在肉串上。

❽ 将肉串放入烤箱，180℃烤20分钟，烤至鸡肉金黄，撒上芝麻即可。

特色

富含多种维生素、膳食纤维的南瓜、黄瓜，搭配低脂高蛋白的鸡胸肉一起烹饪，摒弃了传统的煎炸，而选择了更为健康的烤制。全程没有一滴油，在保证食物营养的同时，也将热量降到了最低。

主料

鸡胸肉300克·南瓜100克
黄瓜1根（约100克）

辅料

白芝麻10克·生抽2汤匙
黑胡椒酱1汤匙

食材	参考热量
鸡胸肉300克	399千卡
南瓜100克	23千卡
黄瓜100克	16千卡
白芝麻10克	54千卡
生抽30毫升	6千卡
黑胡椒酱15克	16千卡
合计	514千卡

烹饪秘籍

烤箱预热可以使烤箱内部温度更接近于烤制食物时所需要的温度，既能保证烘烤均匀，又能节省烘烤时间。

酸甜爽滑
番茄炖龙利鱼 荤菜

烹饪时间 20分钟
难易程度 低

做法步骤

❶ 番茄洗净、去蒂，顶部切十字刀。

❷ 锅中烧开水，放入番茄烫30秒，捞出去皮。

❸ 将番茄切成小丁。

❹ 龙利鱼洗净，切成2厘米厚的片。

❺ 大蒜剥皮、切片；大葱切片；生姜切片。

❻ 炒锅烧热，倒油，放入葱姜蒜煸炒，加入番茄丁炒出汁。

❼ 加水没过食材，煮沸，放入番茄酱、生抽、白糖搅拌均匀。

❽ 放入龙利鱼，转小火炖20分钟，熬至只剩一半汤汁。

❾ 出锅前撒上盐即可。

主料
番茄2个（约230克）
龙利鱼2条（约400克）

辅料
大蒜5瓣（约10克）
大葱20克・生姜10克
番茄酱2汤匙・生抽1汤匙
白糖1汤匙・盐1茶匙
橄榄油10毫升

食材	参考热量
番茄230克	49千卡
龙利鱼400克	268千卡
大蒜10克	13千卡
大葱20克	6千卡
生姜10克	5千卡
番茄酱30毫升	25千卡
生抽15毫升	3千卡
白糖15克	59千卡
橄榄油10毫升	89千卡
合计	517千卡

烹饪秘籍

在番茄顶部划十字刀，再放入沸水中烫30秒，是很快捷的去皮方式。去皮的番茄更容易被人体消化吸收。

特色

龙利鱼肉质鲜美，久煮不老，搭配维生素含量丰富的番茄一起烹饪，不仅口感呼应，连营养价值也大大增加。龙利鱼又被称为"护眼鱼肉"，整日面对电脑的上班族可经常食用。

还原快餐店的味道

日式炒肥牛

烹饪时间 20分钟
难易程度 低

特色

肥牛不是特指牛身上的某个部位，而是经过处理后切成的薄片，被称为"肥牛"。肥牛的吃法除了传统的火锅外，用秘制的肥牛汁和洋葱烹制的日式炒肥牛，也深受年轻人喜爱。

主料

肥牛250克·洋葱300克

辅料

生抽2汤匙·老抽1/2汤匙
白糖1/2汤匙·白芝麻5克
橄榄油适量

食材	参考热量
肥牛250克	603千卡
洋葱300克	120千卡
生抽30毫升	6千卡
老抽8毫升	10千卡
白糖8克	30千卡
白芝麻5克	27千卡
合计	796千卡

做法步骤

❶ 洋葱去皮、洗净，切成细丝。

❷ 取一个小碗，放入生抽、老抽和白糖搅拌均匀。

❸ 锅中倒入水，开火，放入肥牛烫30秒捞出。

❹ 炒锅烧热，放入橄榄油，加入洋葱丝炒香。

❺ 放入烫好的肥牛翻炒均匀。

❻ 倒入酱汁翻炒均匀，出锅前撒上芝麻即可。

烹饪秘籍

余烫肥牛时需冷水下锅，这样既可以保证肥牛的软嫩，又可以逼出肥牛中的血水。

美味的沙拉
鸡胸肉菠萝沙拉 荤菜

烹饪时间 20分钟
难易程度 低

做法步骤

❶ 鸡胸肉均匀涂抹上黑胡椒粉，腌制15分钟。

❷ 菠萝肉切成3厘米见方的块。

❸ 紫甘蓝和球生菜洗净，控干水分，掰成小段。

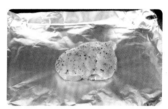

❹ 腌好的鸡胸肉放入烤箱，180℃烤15分钟至全熟。

❺ 将烤好的鸡胸肉切成小块。

❻ 在盘中先铺一层生菜和紫甘蓝。

❼ 依次摆上腰果、菠萝和鸡胸肉。

❽ 淋上油醋汁即可。

特色

水果沙拉口感香甜，受到越来越多人的喜爱。清甜的菠萝搭配蛋白质丰富的鸡胸肉一起食用，使沙拉的口感更富有层次，谁说吃沙拉是在吃草？

主料

鸡胸肉200克·菠萝100克
紫甘蓝50克·生菜100克
腰果5克

辅料

油醋汁3汤匙·黑胡椒粉1茶匙

食材	参考热量
鸡胸肉200克	266千卡
菠萝100克	44千卡
紫甘蓝50克	13千卡
生菜100克	16千卡
腰果5克	28千卡
油醋汁45毫升	83千卡
黑胡椒粉5克	18千卡
合计	468千卡

烹饪秘籍

腌制好的鸡胸肉放入烤箱烤制，可以很好地保留鸡胸肉的水分，避免发柴的口感。如果不确定鸡胸肉是否全熟，可以用牙签插下去检查。

健康的味道
萝卜沙拉

素菜

🍳 烹饪时间　10分钟
🍴 难易程度　低

特色

萝卜在中国被称为"小人参"，这个称号足以见得萝卜的营养价值之高。其所含的维生素是梨的8～10倍。使用最简单的凉拌法，佐以简单的调味，就能释放出萝卜最鲜美的味道。

主料

白萝卜200克

辅料

白糖1/2茶匙
柠檬1/4个（约10克）
胡椒粉1克 · 海苔碎5克
柴鱼片5克 · 盐适量

食材	参考热量
白萝卜200克	32千卡
白糖3克	12千卡
柠檬10克	5千卡
胡椒粉1克	4千卡
海苔碎5克	31千卡
柴鱼片5克	15千卡
合计	99千卡

做法步骤

❶ 白萝卜洗净、去皮，切成细丝。

❷ 萝卜丝加入盐，轻轻抓拌腌制。

❸ 待萝卜丝渗出水分后沥干。

❹ 取一个小碗，挤入柠檬汁，加入白糖和胡椒粉，搅拌均匀成酱汁。

❺ 将萝卜丝放入碗中，淋上调好的酱汁，充分搅拌。

❻ 放上柴鱼片和海苔碎即可。

— 烹饪秘籍 —

用盐提前腌制萝卜丝后，萝卜中的香气跟盐充分融合，会释放出最鲜美的味道。后面的料理中就不需要再放盐调味了。

餐桌上的经典凉菜

凉拌茄子 素菜

烹饪时间 10分钟
难易程度 低

特色

茄子有很多种吃法，比如过油炸，但油温过高会使茄子的营养流失。因此在注重健康饮食的当今，凉拌茄子是最为健康的一种吃法，也是大家选择最多的。

主料

茄子200克

辅料

大蒜5瓣（约10克）
生抽1汤匙·陈醋1汤匙
盐1/2茶匙·香油1茶匙

做法步骤

❶ 茄子洗净，切成5厘米左右的长条。

❷ 蒸锅烧开水，放入茄子条，大火蒸10分钟。

❸ 大蒜去皮，切末。

❹ 取一个小碗，放入蒜末、生抽、陈醋、盐和香油，搅拌均匀成酱汁。

❺ 将酱汁淋在蒸好的茄子上。

❻ 盖上一层保鲜膜，放入冰箱冷藏15分钟，再取出食用即可。

食材	参考热量
茄子200克	46千卡
大蒜10克	13千卡
生抽15毫升	3千卡
陈醋15毫升	17千卡
香油5毫升	45千卡
合计	124千卡

—— 烹饪秘籍 ——

调味后的茄子，再放入冰箱冷藏，不仅可以使小菜增加冰爽的口感，还能使茄子与酱汁充分融合，更入味。

苦尽甘来
苦瓜炒蛋 素菜

⏱ 烹饪时间 10分钟
🥘 难易程度 低

做法步骤

❶ 苦瓜洗净，对半切开。

❷ 用勺子将苦瓜瓤挖出，苦瓜内壁的白色薄膜挖干净。

❸ 处理好的苦瓜切成0.5厘米的薄片。

❹ 放入碗中，加入一半盐腌制15分钟。

❺ 腌制好的苦瓜再用清水洗一遍。

❻ 鸡蛋打散至碗中，搅拌均匀。

❼ 炒锅烧热，放入橄榄油，倒入鸡蛋液炒散后盛出。

❽ 不关火，紧接着放入苦瓜翻炒3分钟。

❾ 待苦瓜炒软后，倒入鸡蛋。

❿ 加入剩余盐调味，搅拌均匀即可。

特色

很多人对苦瓜望而却步，认为苦瓜味道苦涩。其实用对了食材，苦瓜也能释放出清甜的味道。因此，苦瓜炒蛋也被人称为"苦尽甘来"。苦瓜中的维生素是瓜类蔬菜中最高的，常吃苦瓜能清热解毒、增强皮肤活力。

主料

苦瓜200克·鸡蛋2个（约100克）

辅料

盐1/2茶匙·橄榄油10毫升

食材	参考热量
苦瓜200克	44千卡
鸡蛋100克	152千卡
橄榄油10毫升	89千卡
合计	285千卡

烹饪秘籍

一定要将苦瓜瓤和白色薄膜挖干净，再用盐腌制，这样才可以保证苦瓜不苦，炒出来更增加苦瓜爽脆的口感。

颗颗有嚼劲

燕麦饭 主食

⏱ 烹饪时间 10分钟　　😋 难易程度 低

特色

燕麦常常被作为主食来食用，其膳食纤维含量高、热量又很低，和大米一起食用，口感和营养都得到了互补，燕麦中富含的膳食纤维能有效清理肠道垃圾。

主料

大米100克
燕麦米50克
糙米20克

食材	参考热量
大米100克	346千卡
燕麦米50克	189千卡
糙米20克	70千卡
合计	605千卡

做法步骤

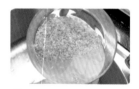

❶ 将大米、糙米和燕麦放入碗中，淘洗两遍。

❷ 淘洗干净的米，加入清水没过食材，浸泡2小时。

❸ 将淘米水倒掉，换上清水。清水与米的比例是1.2∶1。

❹ 放入电饭煲中，按下煮饭键，煮熟即可。

─ 烹饪秘籍 ─

淘洗燕麦和糙米时，一般不成熟或者有些瑕疵的米都会浮在水面上，把浮在水面上的米淘掉再浸泡即可。

特色

吃腻了普通的白米饭，不妨来试试这款颜值与营养都在线的紫薯饭。紫薯中富含膳食纤维，可促进胃肠蠕动，具有极高的保健功能。口感软糯、味道香甜，无疑是一款男女老少都喜爱的米饭了。

主食也能很有趣

紫薯饭 主食

⏱ 烹饪时间 10分钟 💪 难易程度 低

主料

大米200克·紫薯50克

食材	参考热量
大米200克	692千卡
紫薯50克	53千卡
合计	745千卡

做法步骤

❶ 将大米放入碗中，淘洗两遍。

❷ 淘洗干净的米，加入清水没过食材，浸泡2小时。

❸ 紫薯去皮，切1厘米左右见方的小块。

烹饪秘籍

淘米时切忌不要用流水和热水淘米，也不要使劲搓米。轻轻淘洗完毕后，放入水中浸泡就好。

❹ 将淘米水倒掉，换上清水。清水与米的比例是1.2：1。

❺ 将紫薯块放入淘洗好的米中，搅拌均匀。

❻ 按下煮饭键，煮熟后拌匀即可。

红薯焖饭

⏲ 烹饪时间 30分钟
❤ 难易程度 低

特色

红薯被称为"天然的减肥食品"，红薯中含有大量的膳食纤维，能帮助排除体内的垃圾。用红薯跟大米一起煮饭，能使得米饭的口感更加细腻，而且不伤肠胃。

主料

大米200克·红薯50克

食材	参考热量
大米200克	692千卡
红薯50克	45千卡
合计	737千卡

做法步骤

❶ 将大米放入碗中，淘洗两遍。

❷ 淘洗干净的米，加入清水没过食材，浸泡2小时。

❸ 红薯去皮，切成1厘米左右见方的小块。

❹ 将淘米水倒掉，换上清水，清水与米的比例是1.1：1。

❺ 将红薯块放入淘洗好的米中，搅拌均匀。

❻ 按下煮饭键，煮熟后拌匀即可。

烹饪秘籍

在红薯焖饭的过程中，红薯会释放出水分，因此煮饭的水要比平常少一些。

重返童真
青椒蛋糙米饭团

烹饪时间 20分钟
难易程度 低

特色
想换着花样吃米饭？不妨来试试这款饭团吧！选用糙米替代白米制成饭团，瘦身效果更加明显，因此糙米也被称为"瘦身米"。搭配青椒和鸡蛋，每一口都是满满的馅料。

做法步骤

❶ 青椒洗净，去蒂，切成碎丁。

❷ 鸡蛋打散至碗中，搅拌均匀。

❸ 平底锅烧热，倒橄榄油，倒入蛋液炒散。

❹ 再放入青椒丁和生抽，炒拌均匀。

❺ 炒好的青椒鸡蛋放凉后，与糙米饭捏成球形饭团。

❻ 在外层蘸上海苔碎即可。

主料
青椒30克
鸡蛋1个（约50克）
糙米饭100克

辅料
生抽1汤匙
橄榄油10毫升
海苔碎10克

食材	参考热量
青椒30克	7千卡
鸡蛋50克	76千卡
糙米100克	348千卡
生抽15毫升	3千卡
橄榄油10毫升	89千卡
海苔碎10克	62千卡
合计	585千卡

烹饪秘籍
青椒切得越细越好，在后面与糙米饭捏饭团时，才会捏成紧紧的饭团，否则会散开。

是甜品更是主食

银耳木瓜糙米粥 粥品

🍲 烹饪时间 20分钟
🥣 难易程度 低

做法步骤

❶ 将大米和糙米淘洗净。

❷ 将洗净的大米和糙米倒入碗中，加水没过食材，浸泡1小时。

❸ 将大米和糙米放入锅中，加入7倍的水，大火烧开，然后转小火熬煮。

❹ 木瓜去子，切成1厘米左右见方的小块。

❺ 银耳提前泡发，洗净，撕成小块。

❻ 待粥煮至黏稠时，放入银耳和木瓜，搅拌均匀。

❼ 再小火煮5分钟，至粥黏稠即可。

特色

木瓜与银耳中所含有的维生素，不仅能增强人体免疫力，还对人体生长发育十分有益。人体所需要的3/4的氨基酸银耳都能提供，再搭配糙米一起熬煮成粥，低卡美味健康粥非他莫属！

主料

大米50克·糙米30克
银耳10克·木瓜200克

食材	参考热量
大米50克	173千卡
糙米30克	104千卡
银耳10克	26千卡
木瓜200克	60千卡
合计	363千卡

 烹饪秘籍

木瓜和银耳都很容易煮熟，因此在最后5分钟放入，搅拌均匀即可。

YOU WILL
NEVER CNOW
DEAR HOW MUCH
♥ I LOVE YOU

酸甜开胃，软嫩香滑

番茄豆腐羹

烹饪时间 30分钟
难易程度 低

做法步骤

❶ 番茄洗净，在顶部划十字，用开水浇烫一下剥皮，切成丁。

❷ 嫩豆腐从盒中取出，切成1厘米见方的块。

❸ 鸡蛋磕入碗中，顺时针打散成鸡蛋液。

❹ 香葱去根、洗净，葱白葱绿分开，分别切碎。

❺ 淀粉中加入适量清水，调成水淀粉。

❻ 锅中放油烧热，放入葱白碎爆香，下入番茄丁中火翻炒5分钟，中间用铲子按压几次。

❼ 倒入豆腐丁，中火翻炒3分钟，加适量水，大火煮开后转中小火熬煮5分钟，缓缓倒入鸡蛋液，待蛋花成形。

❽ 随后向锅内加入胡椒粉、适量盐，倒入香油和水淀粉，搅拌均匀后关火，盛出，撒入葱绿碎点缀即可。

特色

番茄酸甜可口，豆腐口感嫩滑，下锅同煮再淋入鸡蛋液，口味丰富，软嫩香滑，做宝宝辅食也不错。

主料

番茄2个（约120克）
嫩豆腐150克

辅料

鸡蛋1个（约60克）　香葱1根
淀粉 1/2茶匙　香油 1茶匙
植物油 3汤匙　胡椒粉 1克
盐适量

食材	参考热量
番茄120克	18千卡
嫩豆腐150克	75千卡
鸡蛋60克	86千卡
植物油45克	372千卡
合计	551千卡

烹饪秘籍

炒番茄时，待番茄汤汁多一些再放入嫩豆腐，这样汤的味道更浓郁。

金黄香甜

南瓜汤

烹饪时间 20分钟
难易程度 低

特色

在南瓜的多种吃法中，我唯独偏爱这款南瓜汤。除了将南瓜的营养成分保留外，还能与胡萝卜交相呼应，二者碰撞出最美的味道。口感丝滑，一碗根本停不下来！

主料

南瓜300克
胡萝卜半根（约60克）

辅料

牛奶100毫升

食材	参考热量
南瓜300克	69千卡
胡萝卜60克	23千卡
牛奶100毫升	54千卡
合计	146千卡

做法步骤

❶ 南瓜去皮、去瓜瓤，切成厚片。

❷ 蒸锅烧开水，放入南瓜大火蒸10分钟。

❸ 胡萝卜洗净，去皮，切小块。

❹ 将蒸好的南瓜与胡萝卜放入料理机中，打成南瓜泥。

❺ 将打好的南瓜泥倒入汤锅中。

❻ 加入牛奶，小火慢慢烧开至南瓜糊与牛奶充分融合，搅拌均匀即可。

烹饪秘籍

除了使用蒸锅蒸南瓜，也可以选择将南瓜放入微波容器中，盖上一层保鲜膜，放入微波炉大火加热5分钟即可。

是菜的香味
菠菜豆腐汤 （汤品）

⏱烹饪时间 10分钟　💧难易程度 低

特色

有"营养模范生"之称的菠菜和有"植物肉"美称的豆腐相结合，会碰撞出怎样的味道？只需要少量调味，就可以激发出两者最鲜美的味道。不知道晚餐吃什么？不如来碗菠菜豆腐汤吧。

主料

菠菜60克·内酯豆腐100克

辅料

生抽1汤匙·盐1/2茶匙
胡椒粉1/2茶匙·玉米淀粉1茶匙

食材	参考热量
菠菜60克	17千卡
内酯豆腐100克	50千卡
生抽15毫升	3千卡
胡椒粉3克	11千卡
玉米淀粉5克	17千卡
合计	98千卡

做法步骤

❶ 菠菜洗净，去根，切成5厘米的长段。

❷ 内酯豆腐切成3厘米左右见方的块。

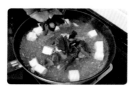

❸ 锅中烧开水，放入豆腐和菠菜，小火煮5分钟。

❹ 放入生抽、盐和胡椒粉调味，搅拌均匀。

❺ 取一勺清水稀释淀粉，搅拌。

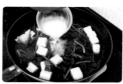

❻ 将水淀粉倒入汤汁，搅拌均匀，至汤汁黏稠即可。

烹饪秘籍

内酯豆腐很嫩，因此在搅动的时候要小心，以免内酯豆腐破裂。在工具上最好选择使用硅胶的勺子。

周二清爽

即使是最普通的食材，
经过改良也能呈现出意
想不到的味道。周二，
清清爽爽地来一餐吧。

入口即化
味噌烤鳕鱼

荤菜

烹饪时间 15分钟
难易程度 低

做法步骤

❶ 鳕鱼洗净，用厨房纸巾吸干水分。

❷ 加入白胡椒和料酒腌制10分钟。

❸ 将味噌酱和生抽放入碗中，搅拌均匀成酱汁。

❹ 腌制好的鳕鱼放在锡箔纸上。

❺ 两面均匀涂抹上调好的味噌酱汁，用锡箔纸包裹起来。

❻ 放入烤箱，180℃烤10分钟，烤至两面金黄。

❼ 大葱切细丝，均匀摆在烤好的鳕鱼上即可。

特色

鳕鱼，北欧人称之为"餐桌上的营养师"，这足以见得鳕鱼的营养价值很高。肉质鲜美的鳕鱼，搭配滋味浓郁的味噌酱，摒弃了传统的煎，改为烤，更好地锁住了鳕鱼的鲜美，也大大降低了食物的热量。

主料

鳕鱼200克

辅料

白胡椒粉1/2茶匙
味噌酱2汤匙·料酒1汤匙
生抽1汤匙·大葱20克

食材	参考热量
鳕鱼200克	176千卡
味噌酱30克	60千卡
白胡椒粉3克	11千卡
生抽15毫升	3千卡
大葱20克	6千卡
合计	256千卡

烹饪秘籍

味噌本身带有咸味，不需要再放盐调味。使用味噌本身的味道，这样有助于减少盐的摄入。

鲜嫩多汁
芦笋三文鱼

（烹饪时间）20分钟
（难易程度）低

特色
三文鱼营养丰富，素有"水中珍品"的美称，其蛋白质含量要高于其他鱼类。与新鲜的芦笋一起食用，经过烤箱的烤制，锁住了水分，保留了二者的鲜味，也最大限度地降低了热量，可谓一举多得！

主料
三文鱼100克
芦笋6根（约50克）

辅料
生姜30克
黑胡椒粉1/2茶匙
海盐1/2茶匙

做法步骤

❶ 生姜洗净，切片。

❷ 姜片放入料理机中榨成生姜汁。

食材	参考热量
三文鱼100克	139千卡
芦笋50克	11千卡
生姜30克	15千卡
黑胡椒粉3克	10千卡
合计	175千卡

❸ 三文鱼用厨房纸巾吸干水分，均匀涂抹上生姜汁，腌制10分钟。

❹ 芦笋洗净，切成5厘米左右的长段。

❺ 烤盘铺上一层锡纸，放上三文鱼和芦笋，撒上黑胡椒粉和海盐。

❻ 烤箱180℃烘烤15分钟，至鱼肉全熟即可。

—— 烹饪秘籍 ——

用生姜汁腌制三文鱼，再撒上一些盐，这样做能充分激发出三文鱼的鲜味，最大限度地保证了三文鱼鲜嫩的口感。

鱼饼新吃法
时蔬炒鱼饼

 荤菜

⏱ 烹饪时间 20分钟
💗 难易程度 低

做法步骤

❶ 圆白菜洗净，撕成小块。

❷ 鱼饼切成3厘米左右的块。

❸ 生姜洗净、切片，大蒜剥皮、切片。

❹ 炒锅烧热，倒橄榄油，放入生姜和大蒜炒香。

❺ 放入圆白菜翻炒，至炒软。

❻ 放入鱼饼翻炒，放入生抽和盐。

❼ 再翻炒5分钟，使食材充分入味即可。

特色

鱼饼以糯米粉为原料，在韩国深受人们喜爱。这道菜经过改良，用新鲜的时蔬搭配鱼饼来炒制，佐以简单调味，便可发挥出食材本身最美的味道！吃腻了传统炒菜，不妨来试试这款吧！

主料

圆白菜300克 · 鱼饼150克

辅料

生姜30克 · 大蒜5瓣（约10克）
盐1/2茶匙 · 生抽1汤匙
橄榄油10毫升

食材	参考热量
圆白菜300克	70千卡
鱼饼150克	196千卡
生姜30克	15千卡
大蒜10克	13千卡
生抽15毫升	3千卡
橄榄油10毫升	89千卡
合计	386千卡

烹饪秘籍

在处理圆白菜时，圆白菜叶子上的白帮可以用刀片下去，这样炒出来的圆白菜口感更加爽脆。

清爽好滋味

黄瓜炖鸡胸

烹饪时间 20分钟
难易程度 低

特色

光听名字就能体会到清香感，这道菜也深受减脂人群欢迎！只需要简单的调味，就能调制成这款佳肴，少去了调味料的干扰，每一口都是食材原本的味道！

主料

鸡胸肉200克
黄瓜1根（约100克）

辅料

大葱20克·生姜20克
生抽1汤匙
胡椒粉1/2茶匙·盐1/2茶匙

做法步骤

❶ 黄瓜洗净，切成3厘米长的段。

❷ 鸡胸肉洗净，去除白色筋膜，切成小块。

❸ 大葱洗净，切片；生姜洗净，切丝。

❹ 锅中烧开水，放入生抽、胡椒粉和盐，大火煮开。

❺ 放入葱片、姜丝和鸡胸肉小火煮5分钟。

❻ 待鸡肉变色，放入黄瓜煮1分钟即可。

食材	参考热量
鸡胸肉200克	266千卡
黄瓜100克	16千卡
大葱20克	6千卡
生姜20克	10千卡
生抽15毫升	3千卡
胡椒粉3克	11千卡
合计	312千卡

烹饪秘籍

黄瓜也可以用丝瓜代替，按照个人喜好来即可。这道菜品没有过多使用调味料，最大限度地保持了食材爽脆清淡的口感。

新晋凉拌菜

海蜇手撕鸡 荤菜

⏱ 烹饪时间 20分钟
🍳 难易程度 低

特色

海蜇口感爽脆，不仅营养丰富，热量也很低，是一种老少皆宜的食物。鲜美的海蜇搭配紧致的鸡胸肉一起食用，每一口都是清凉的爽脆感。非常适合食欲不振的夏季来食用！

主料

海蜇丝100克
鸡胸肉150克
黄瓜1根（约100克）

辅料

生姜10克
大蒜5瓣（约10克）
盐1/2茶匙·生抽1汤匙
陈醋1汤匙

食材	参考热量
海蜇丝100克	33千卡
鸡胸肉150克	200千卡
黄瓜100克	16千卡
生姜10克	5千卡
大蒜10克	13千卡
生抽15毫升	3千卡
陈醋15毫升	17千卡
合计	287千卡

做法步骤

❶ 海蜇丝放入清水中，反复揉搓，洗出盐味。

❷ 黄瓜洗净，切成细丝。

❸ 生姜切片，大蒜剥皮、切末。

❹ 锅中烧开水，放入生姜，放入鸡胸肉煮10分钟。

❺ 煮好的鸡胸肉捞出过2遍凉水，撕成鸡肉丝。

❻ 取一个大碗，放入黄瓜丝、海蜇丝和鸡胸肉丝，放入蒜末、生抽、陈醋、盐搅拌均匀即可。

—— 烹饪秘籍 ——

买回来的海蜇丝很咸，因此要放入清水中反复揉搓洗净，洗去海蜇丝里的盐味和苦味。

减脂新选择
鸡胸玉米沙拉

烹饪时间 20分钟
难易程度 低

特色

健身减脂已经成为当下潮流，很多年轻人追求更健康的饮食，从而来改变体重。那么鸡胸肉就是一个非常好的选择，鸡胸肉脂肪低，而蛋白质含量高。搭配新鲜的时蔬一起食用，美味可口又健康低脂！

做法步骤

❶ 鸡小胸洗净，用厨房纸巾吸干水分。

❷ 平底锅烧热，放橄榄油，放入鸡胸肉煎至两面金黄。

❸ 煎好的鸡肉切成小块。

❹ 紫甘蓝、苦菊洗净，撕成3厘米左右的小片。

❺ 紫甘蓝和苦菊均匀摆在盘中。

❻ 依次摆上玉米粒、核桃仁和鸡肉。

❼ 淋上油醋汁，拌匀即可。

主料

鸡胸肉100克

玉米粒30克 · 紫甘蓝50克

苦菊50克 · 核桃仁10克

辅料

油醋汁2汤匙 · 橄榄油10毫升

食材	参考热量
鸡胸肉100克	133千卡
玉米粒30克	34千卡
紫甘蓝50克	13千卡
苦菊50克	28千卡
核桃仁10克	65千卡
油醋汁30毫升	56千卡
橄榄油10毫升	89千卡
合计	418千卡

烹饪秘籍

从冷冻室拿出解冻的食材，一定要吸干水分，这样才能保证煎出来的食材两面金黄。

西蓝花坚果沙拉 素菜

⏱ 烹饪时间 20分钟
🍳 难易程度 低

特色

西蓝花营养价值高，且营养素较为全面。凉拌的西蓝花也将营养最大限度地保留了下来。不知道晚餐吃什么？不如来一盘沙拉吧！

主料

西蓝花200克
胡萝卜30克
核桃仁8粒（约10克）
腰果8粒（约10克）
榛子仁4粒（约5克）

辅料

芝麻沙拉酱1汤匙·盐少许

做法步骤

❶ 西蓝花洗净，掰成小朵，泡入淡盐水中。

❷ 核桃仁、榛子仁对半切碎。

食材	参考热量
西蓝花200克	72千卡
胡萝卜30克	12千卡
核桃仁10克	65千卡
腰果10克	56千卡
榛子仁5克	56千卡
芝麻沙拉酱15克	45千卡
合计	306千卡

❸ 胡萝卜洗净，去皮，切片。

❹ 锅中烧开水，放入胡萝卜烫1分钟捞出。

❺ 接着放入西蓝花烫30秒，捞出控干水分。

❻ 将西蓝花、胡萝卜、核桃碎、榛子碎和腰果放入大碗中，倒入沙拉酱，搅拌均匀即可。

烹饪秘籍

如果不喜欢吃软烂口感的西蓝花，可以将西蓝花放入锅中清炒一下，去除水分再食用。

"颜控"的选择

南瓜丝沙拉

 烹饪时间 20分钟
难易程度 低

特色

在南瓜的众多吃法中，这一种应该是最清口爽脆的了！南瓜富含维生素和果胶，能帮助消化，加快肠胃蠕动，是低脂饮食中的常见食材！

主料

南瓜100克·洋葱30克
苦菊50克

辅料

生抽1汤匙·陈醋1/2汤匙
白糖1茶匙·香油2毫升

食材	参考热量
南瓜100克	23千卡
洋葱30克	12千卡
苦菊50克	28千卡
生抽15毫升	3千卡
白糖5克	20千卡
香油2毫升	18千卡
陈醋8毫升	9千卡
合计	113千卡

做法步骤

❶ 南瓜去皮、去瓜瓤，切细丝。

❷ 洋葱去皮，切细丝。

❸ 苦菊洗净，去除根部，切成3厘米长的段。

❹ 锅中烧开水，放入南瓜丝焯水，捞出控干水分。

❺ 将南瓜丝、洋葱丝和苦菊放入碗中。

❻ 加入生抽、陈醋、白糖和香油搅拌均匀即可。

— 烹饪秘籍 —

也可以将苦菊换成其他可即食的绿叶菜，按自己的口味调整。

奶酪就是力量

奶酪焗南瓜

 烹饪时间 20分钟
难易程度 低

特色

奶酪的香浓搭配南瓜的清甜，利用高温烤制，二者互相交融，激发出的美味让人欲罢不能！虽说奶酪热量高，只要控制好量，偶尔解一下馋，有何不可？

主料

南瓜300克

辅料

马苏里拉奶酪30克

食材	参考热量
南瓜300克	69千卡
马苏里拉奶酪30克	90千卡
合计	159千卡

做法步骤

❶ 南瓜去皮、去瓜瓤，切成1厘米厚的片。

❷ 锅中烧开水，放入南瓜片蒸10分钟。

❸ 蒸好的南瓜，倒去盘中水分，将南瓜捣碎。

❹ 把南瓜均匀铺在烤箱容器内。

烹饪秘籍

除了放进蒸锅蒸，也可以将南瓜放在微波容器中，盖一层保鲜膜，放入微波炉大火加热5分钟即可。

❺ 把马苏里拉奶酪盖在上面。

❻ 烤箱180℃烤制15分钟，烤至表面金黄即可。

杂粮小馒头

烹饪时间	20分钟
难易程度	低

主食

做法步骤

❶ 80毫升水加入1克酵母，搅拌均匀。

❷ 在酵母水中，加入110克中筋面粉和40克杂粮粉。

❸ 揉成面团，盖上一块湿布，放在温暖的地方发酵60分钟。

❹ 发酵好的面团会明显变胖。

❺ 在案板上撒上面粉，把面团均匀分成3份。

❻ 将每份面团揉成光滑的馒头坯。

❼ 蒸锅放冷水，在蒸屉上刷上一层薄薄的油，把馒头坯码放在蒸屉上。

❽ 先静置15分钟，再大火烧开，转中火蒸20分钟即可出锅。

特色

人们总说吃面食会胖，其实只要稍作改变，就能放宽心地享用面食。用杂粮和白面一起制作成馒头，借助杂粮中的膳食纤维，能促进体内废物的排出，对减肥非常有利。想吃面食的时候，不妨来试试这款吧。

主料

中筋面粉110克·杂粮粉40克

辅料

酵母1克·油少许

食材	参考热量
中筋面粉110克	398千卡
杂粮粉40克	139千卡
酵母1克	4千卡
合计	541千卡

烹饪秘籍

如果买不到杂粮粉，可以选择紫米、糙米等自己喜欢的杂粮米，放入研磨机中磨碎，搅拌均匀即成杂粮粉。

找回从前的味道
窝窝头 主食

烹饪时间 20分钟
难易程度 低

特色

窝窝头，是北方常见的一种主食，在过去是生活不富裕人群的主食，现如今已成为绿色、健康饮食的代表。窝窝头的主要成分是玉米面，其中含有丰富的膳食纤维，能促进肠蠕动。还能产生饱腹感，是一款减肥佳品。

做法步骤

❶ 60毫升牛奶、10克糖和1克酵母搅拌均匀。

❷ 放入玉米面和糯米面，搅拌均匀。

❸ 揉匀成面团，盖上一块湿布，放到温暖的地方发酵60分钟。

❹ 双手沾水，把醒发好的面团做成窝头。

❺ 蒸锅放入冷水，蒸屉上刷油，把窝头码放在蒸屉上，盖好锅盖，静置15分钟。

❻ 大火烧开，转中火蒸15分钟，关火再闷5分钟即可出锅。

主料

牛奶60毫升 · 玉米面70克
糯米面20克

辅料

白糖10克 · 酵母1克
油少许

食材	参考热量
牛奶60毫升	32千卡
玉米面70克	245千卡
糯米面20克	70千卡
白糖10克	40千卡
酵母1克	4千卡
合计	391千卡

烹饪秘籍

在和面的时候感受一下面团的软硬度，尽量保证稍微硬一些，这样会更好地塑造窝窝头的形状。

滋味满满

土豆菠菜糙米饭团 主食

⏱ 烹饪时间 20分钟
难易程度 低

做法步骤

❶ 大米淘洗干净，浸泡15分钟。

❷ 将泡好的大米放入电饭煲中，加煮饭量的水，按下煮饭键煮熟。

❸ 土豆去皮、切片，盖上一层保鲜膜，放入微波炉大火加热5分钟。

❹ 将微波好的土豆片压成土豆泥。

❺ 菠菜洗净、去根。

❻ 锅中烧开水，放入菠菜烫30秒，捞出，控干水分后切碎。

❼ 将米饭、土豆泥、菠菜、香油和盐搅拌均匀。

❽ 捏成饭团，包上一层寿司海苔，撒上白芝麻即可。

特色

吃腻了传统的米饭，没有时间做复杂的晚餐？那不妨来试试这款有菜有米的饭团吧。菠菜搭配糙米，满满的营养感，再加上土豆增加口感，每一口都是丰富的味蕾体验。

主料

大米100克·土豆100克
菠菜100克
寿司海苔1/2张（约10克）

辅料

香油1茶匙·盐1/2茶匙
白芝麻适量

食材	参考热量
大米100克	346千卡
土豆100克	81千卡
菠菜100克	28千卡
寿司海苔10克	62千卡
香油5毫升	45千卡
合计	562千卡

—— 烹饪秘籍 ——

如果不喜欢菠菜，也可以用其他的绿叶菜代替，如生菜、油菜等，按自己的口味选择即可。

主食界的小网红

茶泡饭 主食

烹饪时间	20分钟
难易程度	低

特色

茶泡饭，是南方地区很受欢迎的一道主食。利用热茶泡冷饭，不仅口味清新，还能解腻。中老年人食用茶泡饭，可软化血管、降低血脂。微凉的晚秋，何不来一碗茶泡饭暖暖身？

主料

大米100克
薏米20克
龙井茶叶1克

辅料

海苔碎10克

做法步骤

❶ 大米和薏米淘洗干净，浸泡15分钟。

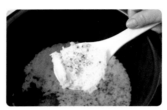

❷ 将泡好的大米和薏米放入电饭煲中，加煮饭量的水，按下煮饭键煮熟。

食材	参考热量
大米100克	346千卡
薏米20克	72千卡
龙井茶叶1克	3千卡
海苔碎10克	62千卡
合计	483千卡

❸ 用100℃刚烧开的水泡龙井茶。

❹ 泡好的龙井茶过滤，只保留茶汤。

❺ 煮好的饭盛在碗中，倒入龙井茶汤。

❻ 撒上一些海苔碎即可。

烹饪秘籍

如果不是新鲜做的米饭，也可以使用隔夜米饭，放入微波炉提前加热即可。

一碗不过瘾

玉米浓汤

🥣 烹饪时间 20分钟
🥄 难易程度 低

做法步骤

❶ 土豆去皮，切小块；洋葱去皮，切丁。

❷ 锅中放入黄油，放入洋葱丁炒香。

❸ 加入土豆和玉米粒翻炒均匀。

❹ 加水没过食材，煮至土豆丁熟软后关火，静置放凉。

❺ 将炒好的食材放入料理机中，倒入牛奶，打成玉米浓汁。

❻ 将玉米浓汁倒入奶锅中，大火煮开，转小火煮至浓稠。

❼ 加入盐和黑胡椒碎调味即可。

特色

玉米一直被称为"长寿食物"，其中含有丰富的蛋白质和矿物质。利用中式的食材，搭配西式的调味，中西结合调配出一款爽滑细腻的汤品。一碗不过瘾？那就再来一碗吧！

主料

甜玉米粒200克·土豆100克
洋葱1/4个（约50克）

辅料

黄油15克·牛奶250毫升
盐少许·黑胡椒碎1/2茶匙

食材	参考热量
甜玉米粒200克	224千卡
土豆100克	81千卡
洋葱50克	20千卡
黄油15克	133千卡
牛奶250毫升	135千卡
黑胡椒粉3克	10千卡
合计	603千卡

烹饪秘籍

放入料理机打碎食材，可以让土豆、洋葱等食材的味道融合在一起，将土豆的软糯和洋葱的香气释放出来。

碱性食物之王
海带豆芽汤

汤品

🍳 烹饪时间 20分钟
🌶 难易程度 低

做法步骤

❶ 海带洗净。

❷ 豆芽洗净，去除根部。

❸ 香葱洗净，去根，切段。

❹ 锅中烧开水，放入海带，大火煮开，小火煮5分钟。

❺ 放入豆芽，小火煮3分钟。

❻ 放入盐、胡椒粉和生抽，搅拌均匀。

❼ 放入葱段即可出锅。

特色

海带素有"碱性食物之王"的美称，能促进身体代谢，有助瘦身，深受减肥人群的喜爱。与豆芽一起熬汤食用，每一口都是鲜美的享受！

主料

海带100克·豆芽100克
香葱2根（约10克）

辅料

盐1/2茶匙·胡椒粉1克
生抽1汤匙

食材	参考热量
海带100克	90千卡
豆芽100克	16千卡
香葱10克	3千卡
胡椒粉1克	4千卡
生抽15毫升	3千卡
合计	116千卡

烹饪秘籍

如果比较喜欢吃葱味浓一些的，可以将豆芽和香葱一起下锅煮。如果不喜欢，最后放入葱段提味即可。

最温暖的味道
五谷杂粮粥

冬
粥品

🕐 烹饪时间 **20分钟**　　😊 难易程度

特色

选用我们生活中常见的五种米熬制而成的粥，营养丰富，各种食材彼此融合后散发出来最美的味道。稍加一些白糖点缀，最温暖的晚餐不过如此！

主料

大米30克·燕麦米30克
红豆30克·小米30克·糙米15克

辅料

白糖10克

食材	参考热量
大米30克	104千卡
燕麦米30克	113千卡
红豆30克	97千卡
小米30克	108千卡
糙米15克	52千卡
白糖10克	40千卡
合计	514千卡

做法步骤

❶ 燕麦米、红豆、小米和糙米提前用温水浸泡3小时以上。

❷ 将大米淘洗干净。

— 烹饪秘籍 —

如果是明火煮粥，需要提前在锅中烧开水，将米下锅，大火烧开转小火，煮至米粒软烂即可。

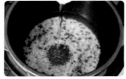

❸ 大米和其余4种粗粮一起放入电饭煲中，加入水，水与米的比例是7：1。

❹ 按下煮粥键，煮熟。

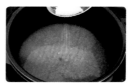

❺ 煮熟后加入白糖，搅拌均匀，再焖5分钟即可。

周三温润

谁说吃面食会长胖？谁说沙拉不好吃？找对了方法，就会发现这些食物原来别有洞天。

美味满分

牛肉沙拉

（烹饪时间）15分钟
（难易程度）中

做法步骤

❶ 锅中烧开水，翻入肥牛卷，烫1分钟，捞出备用。

❷ 苦菊、生菜洗净，掰成小段。

❸ 圣女果洗净，对半切开。

❹ 豆苗洗净，控干水分。

❺ 炒锅烧热，放入肥牛，倒入烤肉酱，翻炒均匀。

❻ 盘底先铺一层生菜、苦菊和豆苗，摆上圣女果。

❼ 最后将肥牛连同汤汁一起淋上即可。

特色

经常听到有人吐槽：吃沙拉像在吃草。其实如果搭配好了，沙拉真的是一种饱腹又美味的存在！用鲜嫩的肥牛配新鲜的时蔬，淋上浓郁的烤肉酱，每一口都能感觉到满满的能量！

主料

肥牛200克
圣女果6颗（约20克）
苦菊50克·生菜100克
豌豆苗50克

辅料

日式烤肉酱2汤匙

食材	参考热量
肥牛200克	482千卡
圣女果20克	5千卡
苦菊50克	28千卡
生菜100克	16千卡
豌豆苗50克	16千卡
日式烤肉酱30克	146千卡
合计	693千卡

— 烹饪秘籍 —

肥牛先煮后煎，既保留了肥牛的鲜嫩多汁，又提升了肥牛的口感。跟烤肉酱搭配食用，再合适不过了。

圆白菜鸡肉卷 荤菜

⏱ 烹饪时间　15分钟
🍳 难易程度　中

做法步骤

❶ 圆白菜洗净，放入微波炉专用盘中，盖上一层保鲜膜，大火加热3分钟。

❷ 鸡胸肉洗净，均匀切成4份。

❸ 鸡胸肉加入淀粉和料酒腌制10分钟。

❹ 加热好的圆白菜平铺，切掉梗和筋。

❺ 腌好的鸡胸肉放在圆白菜上，慢慢包起来。

❻ 锅中烧开水，放入浓汤宝，小火煮开。

❼ 放入鸡肉卷，小火煮20分钟。

❽ 待汤汁浓稠，加入盐调味即可。

特色

在所有的烹饪手法中，蒸最能保留食材原味，成菜热量也最低。圆白菜被称为减肥期间的理想食材，与鸡胸肉一起蒸制食用，不仅营养丰富，连汤汁都很鲜美呢！

主料

鸡胸肉150克
圆白菜4大片（约30克）

辅料

盐1/2茶匙
浓汤宝1块（约20克）
玉米淀粉1茶匙·料酒1汤匙

食材	参考热量
鸡胸肉150克	200千卡
圆白菜30克	7千卡
家乐浓汤宝20克	34千卡
玉米淀粉5克	17千卡
合计	258千卡

─ 烹饪秘籍 ─

使用料酒和淀粉提前腌制鸡胸肉，会去除鸡胸肉的肉腥味，保证滑嫩的口感。

香味四溢
荷兰豆炒腊肠

⏱ 烹饪时间 15分钟
🔥 难易程度 低

做法步骤

❶ 荷兰豆洗净，去除筋膜。

❷ 腊肠切成0.5厘米的薄片。

特色

荷兰豆并非是荷兰的豆子，相传是一个荷兰人把它带到了中国，故由此得名。荷兰豆营养价值很高，能促进人体新陈代新，与腊肠一起炒制，令浓郁的滋味中带有一丝香甜。

❸ 炒锅烧热，转小火，放入腊肠煸炒，炒出油脂。

❹ 将炒好的腊肠盛出，留下油。

主料

荷兰豆150克
腊肠2根（约50克）

辅料

盐1/2茶匙

❺ 放入荷兰豆，小火煸炒1分钟。

❻ 待荷兰豆炒软时，放入盐炒匀。

食材	参考热量
荷兰豆150克	45千卡
腊肠50克	292千卡
合计	337千卡

❼ 放入炒好的腊肠，翻炒均匀即可出锅。

烹饪秘籍

腊肠本身的油脂很丰富，小火煸炒出油脂，后续步骤中可不用再加油，少油的料理更健康。

盐烤鲅鱼

大海的味道

 荤菜

烹饪时间	15分钟
难易程度	低

特色

鲅鱼肉多刺少，富含矿物质和蛋白质。本身肉质鲜美，只需要佐以少量盐腌制，再放入烤箱烤制，便能激发出鲅鱼最鲜美的味道！

主料

鲅鱼200克

辅料

橄榄油2茶匙・盐1克
柠檬1/4个（约10克）

做法步骤

❶ 鲅鱼冲洗干净，用厨房纸巾吸干水分。

❷ 平底锅烧热，倒橄榄油，放入鲅鱼两面煎烤。

❸ 烤盘上铺上一层烧烤纸，放上煎好的鲅鱼。

❹ 均匀撒上一层盐，将烧烤纸紧紧包上。

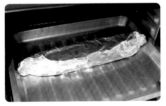

❺ 放入烤箱中，230℃烤制15分钟。

❻ 在烤好的鲅鱼上挤上柠檬汁即可。

食材	参考热量
鲅鱼200克	242千卡
橄榄油10毫升	89千卡
柠檬10克	5千卡
合计	336千卡

烹饪秘籍

用烧烤纸包裹烤制，能将鲅鱼的鲜美最大限度地激发出来，还能有效消除鲅鱼的腥味。

酸甜好滋味

番茄烩虾仁

🍳 烹饪时间　15分钟
💪 难易程度　低

做法步骤

❶ 鲜虾去壳，去除虾线，洗净，控干水分。

❷ 番茄洗净，顶部划十字刀。

❸ 锅中烧开水，放入番茄烫30秒，捞出，去皮，再切丁。

❹ 炒锅烧热，放油，放入番茄炒出汁。

❺ 加入杂菜粒、番茄酱和生抽翻炒，加水没过食材，大火煮沸。

❻ 放入虾仁，转小火煮10分钟。

❼ 待汤汁浓稠，放入盐调味即可出锅。

特色

虾仁富含蛋白质，但脂肪却很少。与维生素C含量丰富的番茄一起食用，不仅营养满满，连味道也十分棒。酸甜可口的番茄烩虾仁，不尝试一下吗？

主料

鲜虾250克
番茄2个（约230克）
杂菜粒30克

辅料

盐1/2茶匙·番茄酱1汤匙
生抽1汤匙·植物油适量

食材	参考热量
鲜虾250克	213千卡
番茄230克	49千卡
杂菜粒30克	27千卡
番茄酱15克	12千卡
生抽15毫升	3千卡
合计	304千卡

— 烹饪秘籍 —

使用番茄酱会激发出这道菜的番茄香。在后续的炖煮过程中，番茄酱能很好地将虾仁的鲜美和番茄的浓郁融合在一起。

冰草虾仁沙拉

荤菜

⏱ 烹饪时间 15分钟
♨ 难易程度 低

特色

冰草是近几年流行起来的蔬菜，因营养丰富，受到越来越多人的喜爱。在冰草的做法中，沙拉是最常见的一种。新鲜的冰草搭配爽滑的虾仁，味道好极了！

主料

虾仁100克 · 冰草100克
樱桃萝卜2个（约10克）
生菜50克

辅料

油醋汁2汤匙 · 橄榄油适量

做法步骤

❶ 虾仁解冻后，清洗干净，用厨房纸巾吸干水分。

❷ 樱桃萝卜洗净，切薄片。

食材	参考热量
虾仁100克	48千卡
冰草100克	34千卡
樱桃萝卜10克	2千卡
生菜50克	8千卡
油醋汁30毫升	56千卡
合计	148千卡

❸ 生菜洗净，掰成小段，控干水分。

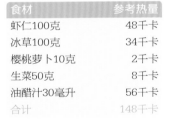

❹ 平底锅烧热，倒入橄榄油，放入虾仁，小火煸炒至熟。

❺ 将生菜、冰草和樱桃萝卜铺在盘底。

❻ 放上炒好的虾仁，淋上油醋汁即可。

烹饪秘籍

除了煸炒外，也可以将虾仁焯熟，这样也能保证虾仁的原汁原味，没有经过油炒，热量也降低了很多。

香味逼人
黄油杏鲍菇

素菜

🕐 烹饪时间 15分钟　　💪 难易程度 低

特色

杏鲍菇是一种营养丰富的食用菌，肉质鲜嫩，与黄油一起煎制后，两者香气彼此融合，散发出浓郁的味道，绝对是味蕾的一个美妙体验。

主料

杏鲍菇200克

辅料

黄油20克
黑胡椒粉1/2茶匙

食材	参考热量
杏鲍菇200克	70千卡
黄油20克	178千卡
黑胡椒粉3克	10千卡
合计	258千卡

烹饪秘籍

小火煸炒，会充分激发出杏鲍菇的鲜味，与黄油的香味交融在一起。

做法步骤

❶ 杏鲍菇洗净，斜着切成0.5厘米的薄片。

❷ 炒锅小火加热，放入黄油烧至融化。

❸ 放入杏鲍菇翻炒，使杏鲍菇均匀裹上黄油。

❹ 小火慢慢翻炒，至杏鲍菇变软。

❺ 撒上黑胡椒粉，翻炒均匀即可出锅。

特色

相比鸡蛋沙拉，鹌鹑蛋做的沙拉口感更为丰富，其营养价值也高。新鲜的鹌鹑蛋搭配时蔬一起食用，再配上低热量的沙拉汁，绝对是营养满分的一餐！

主料

鹌鹑蛋100克·圆白菜100克
紫甘蓝20克·香蕉1根（约90克）

辅料

油醋汁2汤匙

食材	参考热量
鹌鹑蛋100克	160千卡
圆白菜100克	23千卡
紫甘蓝20克	5千卡
香蕉90克	83千卡
油醋汁30毫升	56千卡
合计	327千卡

营养满分

鹌鹑蛋沙拉 素菜

⏱ 烹饪时间　15分钟　　难易程度　低

做法步骤

❶ 锅中烧开水，放入鹌鹑蛋煮10分钟。

❷ 鹌鹑蛋煮熟后过凉水，去壳。

❸ 圆白菜和紫甘蓝洗净，切细丝。

❹ 香蕉去皮，切成1厘米厚的片。

❺ 将圆白菜和紫甘蓝铺在盘底，放上香蕉和鹌鹑蛋。

❻ 淋上油醋汁即可。

烹饪秘籍

香蕉的香甜会中和紫甘蓝的微苦，使沙拉的口感更加丰富。

□□爽滑
砂锅蒸蛋 素菜

烹饪时间 15分钟
难易程度 中

做法步骤

❶ 砂锅烧开水，放入柴鱼片煮1分钟。

❷ 捞出柴鱼片，只保留高汤。

❸ 青红椒洗净，去蒂，切细末。

❹ 鸡蛋磕入碗中打散，均匀打成蛋液。

❺ 蛋液加盐。搅拌均匀。

❻ 不开火，在砂锅中倒入蛋液，搅拌均匀。

❼ 开中火慢慢煮沸，煮至蛋液周围变熟，撒上青红椒粒。

❽ 转最小火焖5分钟即可。

特色

砂锅蒸蛋是韩国料理中常见的一道菜，用砂锅蒸出来的鸡蛋鲜嫩爽滑，搭配柴鱼片和彩椒提升口感和味道，好吃又不长胖。快来试试它吧！

主料

鸡蛋4个（约200克）
柴鱼片20克·青椒20克
红彩椒20克

辅料

盐1/2茶匙

食材	参考热量
鸡蛋200克	304千卡
柴鱼片20克	60千卡
青椒20克	5千卡
红彩椒20克	5千卡
合计	374千卡

烹饪秘籍

先中火后小火焖煮，这样煮出来的鸡蛋口感才更滑嫩，不会变硬，口感最好。

玉米杂粮饼

主食

⏱ 烹饪时间 15分钟
🔥 难易程度 高

做法步骤

❶ 100克玉米面中倒入75毫升开水，迅速搅匀。

❷ 加入15克白糖和50毫升牛奶搅匀。

❸ 搅匀后放至面粉温热时，加入酵母，静置1分钟。

❹ 加入60克中筋面粉，揉成面团。

❺ 盖上一层薄纱布，静置1小时。

❻ 将醒发好的面团放在案板上，均匀分成4份，整理出圆饼。

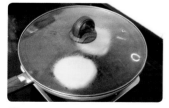

❼ 平底锅烧热，刷一层薄薄的油，转小火，放入玉米饼，盖上锅盖，煎6分钟。

❽ 待底部变黄，翻面再煎5分钟，至两面金黄即可。

特色

香甜软糯的玉米饼，有谁不爱？玉米面中含有的膳食纤维能促进肠蠕动，有助于消化。加上牛奶、白糖，光听这配料，就能感受到玉米饼的香甜。

主料

玉米面100克·中筋面粉60克

辅料

白糖15克·牛奶50毫升
酵母1克·油少许

食材	参考热量
玉米面100克	350千卡
中筋面粉60克	217千卡
白糖15克	60千卡
牛奶50毫升	27千卡
酵母1克	4千卡
合计	658千卡

烹饪秘籍

在加入酵母前一定要先看面团的温度，在温热的时候加，温度太高，酵母会失去活性。

省时省力

菌菇焖饭 主食

⏱ 烹饪时间 30分钟
🥄 难易程度 低

做法步骤

❶ 将大米放入电饭锅内胆中，淘洗两遍。

❷ 将淘洗干净的米加入清水没过食材，浸泡2小时。

❸ 白玉菇、豆芽择洗干净。

❹ 炒锅烧热，倒油，放入白玉菇和豆芽翻炒。

❺ 加入盐和生抽，炒熟盛出。

❻ 将淘米水倒掉，换上清水，清水与米的比例是1.1∶1。

❼ 将炒好的白玉菇豆芽放入淘洗好的米中，搅拌均匀。

❽ 按下煮饭键，煮熟后拌匀即可。

特色

最节省时间又能饱腹的料理非焖饭莫属了！有饭有菜，一口下去，营养满满！滑嫩的白玉菇搭配爽脆的豆芽，每一口都是绝佳的享受！晚餐没时间做？不妨来试试这款！

主料

大米200克
白玉菇50克
豆芽20克

辅料

盐1/2茶匙
生抽1茶匙
油适量

食材	参考热量
大米200克	692千卡
白玉菇50克	14千卡
豆芽20克	3千卡
生抽5毫升	1千卡
合计	710千卡

— 烹饪秘籍 —

在焖饭过程中，白玉菇会释放出一些水分，所以煮饭的水量要比平常少一些。

营养满满
秋葵蛋炒饭

烹饪时间 15分钟
难易程度 低

做法步骤

❶ 秋葵洗净，去除根部，将秋葵切成1厘米左右的小段。

❷ 鸡蛋打散至碗中，搅拌均匀。

❸ 香葱洗净，切末。

❹ 炒锅烧热，倒油，倒入蛋液，炒散至蛋液凝固，盛出备用。

❺ 不关火，放入秋葵，转小火翻炒。

❻ 放入隔夜米饭，炒散至粒粒分明。

❼ 倒入鸡蛋，加入盐，翻炒均匀。

❽ 出锅前撒上葱末，炒匀即可。

特色

秋葵营养丰富，其中的黏性物质可降低胆固醇，促进人体排毒。在秋葵的众多做法中，炒饭是最简单美味的一种。秋葵与蛋的绝妙组合，每一口都是满足！

主料

秋葵6根（约50克）
鸡蛋1个（约50克）
隔夜米饭1碗（约150克）

辅料

香葱2根（约10克）
盐1/2茶匙·油适量

食材	参考热量
秋葵50克	13千卡
鸡蛋50克	76千卡
隔夜米饭150克	174千卡
香葱10克	3千卡
合计	266千卡

烹饪秘籍

在炒饭的最后加入葱末，香葱的香气能激发出鸡蛋的香味，使这道炒饭滋味无穷。

暖身又暖心

番茄蔬菜浓汤 汤品

烹饪时间 **20分钟**
难易程度 **低**

做法步骤

❶ 番茄洗净，顶部划十字刀。

❷ 锅中烧开水，放入番茄烫30秒，捞出去皮。

❸ 番茄切小丁。

❹ 土豆去皮，切成2厘米左右见方的块。

❺ 圆白菜洗净，切小段。

❻ 炒锅烧热，倒油，放入番茄炒出汁，加入两倍的清水烧开。

❼ 放入土豆和圆白菜，小火煮15分钟。

❽ 放入盐、番茄酱和生抽，搅拌均匀即可出锅。

特色

这是一款滋味浓郁的蔬菜汤，土豆和圆白菜的加入，提升了整体的口感。浓郁的味道，即使只配一碗简单的白米饭也很美味。寒冷的冬季，何不来一碗汤暖暖身？

主料

番茄2个（约230克）
土豆1个（约120克）
圆白菜30克

辅料

盐1/2茶匙·番茄酱2汤匙
生抽1汤匙·油适量

食材	参考热量
番茄230克	49千卡
土豆120克	97千卡
圆白菜30克	7千卡
番茄酱30毫升	25千卡
生抽15毫升	3千卡
合计	181千卡

— 烹饪秘籍 —

也可以将土豆块切成土豆片，这样会缩短煮制时间。

一碗搞定一顿饭

蔬菜什锦粥

⏱ 烹饪时间 20分钟
🔥 难易程度 低

做法步骤

❶ 糙米提前用温水浸泡2小时以上。

❷ 将大米淘洗干净。

❸ 蘑菇洗净、去蒂，切小丁。

❹ 大米、糙米和蘑菇一起放入电饭煲中，加入水，水与米的比例是7：1。

❺ 按下煮粥键，煮熟。

❻ 生菜洗净，切丝。

❼ 将生菜丝放入粥中，小火煮1分钟。

❽ 出锅前加入盐和白胡椒调味即可。

特色

如果午餐吃得很油腻，那晚餐不妨来一些清淡的粥调节一下。蔬菜什锦粥是咸粥中很常见的一款，这里在大米中加了一些糙米，使口感更加丰富，也补充了膳食纤维，能帮助消化。

主料

大米30克·糙米30克
生菜20克·蘑菇3个（约10克）

辅料

盐1/2茶匙·白胡椒粉1克

食材	参考热量
大米30克	104千卡
糙米30克	104千卡
生菜20克	3千卡
蘑菇10克	3千卡
胡椒粉1克	4千卡
合计	218千卡

— 烹饪秘籍 —

如果是明火煮粥，需要提前在锅中烧开水，将米下锅，大火烧开后转小火，煮至米粒软烂即可。

暖心粥

豆浆燕麦粥

⏱ 烹饪时间 20分钟　　难易程度 低

特色

豆浆做成粥是一种怎样的味道？新鲜的豆浆搭配大米和燕麦，经过熬煮做成的粥，营养十足，且口感更加丰富，即使什么都不加，单喝一碗粥，也是寒冷的冬季最暖的享受！

主料

大米30克
燕麦米30克
豆浆200毫升

食材	参考热量
大米30克	104千卡
燕麦米30克	113千卡
豆浆200毫升	62千卡
合计	279千卡

─ 烹饪秘籍 ─

因为需要放入豆浆煮，所以前期在煮白粥的时候水要比平常煮粥的水量少一些。

做法步骤

❶ 燕麦米提前用温水浸泡3小时以上。

❷ 将大米淘洗干净。

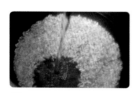

❸ 大米和燕麦米一起放入电饭煲中，加入水，水与米的比例是5：1。

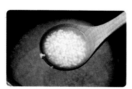

❹ 按下煮粥键，煮熟。

❺ 煮熟后放入豆浆，小火煮3分钟，待豆浆与粥充分融合即可。

周四醇美

一周过了一半，来一次
小小的释放吧！别担心
会长胖，热量都帮你计
算好了呢！

浓郁好滋味

番茄牛腩 荤菜

⏱ 烹饪时间 15分钟
🔥 难易程度 低

做法步骤

① 牛腩清洗干净，切成2厘米左右见方的块。

② 番茄洗净，顶部划十字刀，放入开水中烫30秒，去皮。

③ 番茄、洋葱切小块。

④ 香葱洗净，打成葱结；生姜切片。

⑤ 锅中加冷水，放入牛腩，大火烧开后继续烧3分钟，捞出牛腩，冲洗干净。

⑥ 炒锅烧热，放油，放入洋葱片、生姜和葱结炒香。

⑦ 放入番茄炒软后，把葱结和姜片挑出，放入牛腩块翻炒。

⑧ 倒热水没过食材，烧开，放入生抽和冰糖，小火煮2小时。

⑨ 待汤汁浓郁，出锅前撒入盐调味即可。

特色

牛腩油脂少，很适合用作炖菜食用。与酸甜的番茄一起炖煮，两者彼此融合，能释放出最鲜美的味道。相较于猪肉，在减脂期食用牛肉更为适合。

主料

牛腩250克
番茄1个（约170克）
洋葱1/4个（约30克）

辅料

香葱3根（约10克）·生姜5克
盐1/2茶匙·冰糖5克
生抽2汤匙·油适量

食材	参考热量
牛腩250克	265千卡
番茄170克	26千卡
洋葱30克	12千卡
香葱10克	3千卡
生姜5克	3千卡
冰糖5克	20千卡
生抽30毫升	6千卡
合计	335千卡

— 烹饪秘籍 —

加入冰糖既可以中和番茄的酸度，又可以使整道菜味道变得更鲜美。炖煮了2小时，牛腩肉中浸满了番茄浓郁的香味。

下饭肉饼

炖牛肉饼 荤菜

烹饪时间 15分钟
难易程度 低

做法步骤

❶ 番茄洗净，顶部划十字刀，放入开水中烫30秒，去皮。

❷ 番茄切小块、洋葱切末、口蘑切片。

❸ 取一个碗，放入牛肉末，加入鸡蛋、洋葱和面包糠，不停搅拌至黏稠。

❹ 将搅拌好的牛肉馅按压成小饼。

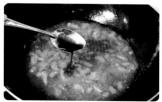

❺ 炒锅烧热，倒油，放入番茄炒出汁，加水没过食材，放入番茄酱和生抽。

❻ 另取一锅烧热，倒油，放入牛肉饼煎至两面金黄。

❼ 将煎好的牛肉饼放入番茄中，放入口蘑，小火炖15分钟。

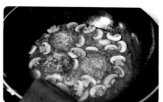

❽ 待汤汁浓稠即可出锅。

主料

牛肉末100克
番茄1个（约170克）
鸡蛋1/2个（约25克）
洋葱30克·口蘑6个（约30克）

辅料

面包糠3克·番茄酱1汤匙
生抽2茶匙·油适量

食材	参考热量
牛肉末100克	106千卡
番茄170克	26千卡
鸡蛋25克	40千卡
洋葱30克	12千卡
口蘑30克	83千卡
面包糠3克	18千卡
番茄酱15克	12千卡
生抽10毫升	2千卡
合计	299千卡

烹饪秘籍

如果没有面包糠，可以用烤箱把吐司烤干，再放入保鲜袋中，用擀面杖碾碎即可。

特色

牛肉饼，大家偏爱夹在汉堡里一起食用。岂不知炖好的牛肉饼肉质鲜嫩，与米饭也是一种绝妙的搭配。洋葱和口蘑的加入，也大大为牛肉增加了香气。吃这道菜品的时候，要小心控制米饭的量哦。

不发柴才好吃

鸡肉丸子

🍲 烹饪时间 15分钟
😋 难易程度 低

做法步骤

❶ 鸡胸肉清洗干净，剁成肉末。

❷ 香葱洗净，去根，切末。

❸ 取一个大碗，放入鸡肉末，依次倒入生抽、盐和白胡椒粉，沿顺时针方向不停搅拌均匀。

❹ 打入1个鸡蛋，加入葱末，继续按顺时针搅拌。

❺ 边搅拌边加入面粉，直到肉粘成一团。

❻ 用勺子舀出一个小圆球形。

❼ 烤盘上铺一层烧烤纸，放入鸡肉丸。

❽ 将鸡肉丸入烤箱，220℃烘烤20分钟，至鸡肉丸子表面金黄即可。

特色

相较于猪肉丸和牛肉丸，鸡肉丸子的脂肪含量较低，也是减脂一族很喜欢的一道料理。烤过的丸子，保留了水分，肉质更为鲜美，完美地避免了鸡胸肉发柴的困扰。

主料

鸡胸肉200克
鸡蛋1个（约50克）

辅料

面粉20克·生抽1汤匙
香葱2根（约10克）
盐1/2茶匙·白胡椒粉1克

食材	参考热量
鸡胸肉200克	266千卡
鸡蛋50克	76千卡
面粉20克	72千卡
生抽15毫升	3千卡
香葱10克	3千卡
白胡椒粉1克	4千卡
合计	424千卡

烹饪秘籍

如果想要鸡肉丸的形状更加圆润饱满，可以选择用手捏丸子，但要记得在手上涂一层油，这样更好操作。

白领健康菜

豌豆泥焗鸡肉

荤菜

⏱ 烹饪时间 60分钟
🔥 难易程度 中

做法步骤

❶ 鸡肉洗净，切块，混合料酒、盐、生抽、黑胡椒碎，腌制30分钟以上。

❷ 锅内加冷水，烧开，倒入豌豆、盐、少量橄榄油，煮3分钟后盛出。

❸ 将煮好的豌豆倒入搅拌机内，打碎。

❹ 烤盘底部铺上锡纸，刷上橄榄油。

❺ 将鸡肉平铺在锡纸上，再将玉米粒和豌豆泥倒入烤盘中。

❻ 撒上奶酪碎，淋上淡奶油。

❼ 烤箱200℃预热，将烤盘送进烤箱，烤20分钟即可。

特色

现代人生活节奏快，对于饮食结构的要求也就相应提高了，吃得好的标准不再是有大鱼大肉，而是均衡的营养配比跟食材搭配。简单的一道青豆泥焗鸡肉，既能补充营养，又不给肠胃增添负担，非常健康。

主料

鸡胸肉 200克
豌豆 200克

辅料

玉米粒 50克·生抽 2茶匙
盐 3克·黑胡椒碎 1茶匙
料酒 3毫升·橄榄油 2茶匙
马苏里拉奶酪碎 10克
淡奶油 10克

食材	参考热量
鸡胸肉200克	266千卡
豌豆200克	222千卡
玉米粒50克	164千卡
合计	652千卡

— 烹饪秘籍 —

如果喜欢奶味重一点的，可以在豌豆泥中加入适量牛奶调味。

110

偶尔的释放

香烤鸡块

荤菜

⏱ 烹饪时间　15分钟
🍳 难易程度　低

做法步骤

❶ 鸡腿肉洗净，切成3厘米左右见方的块。

❷ 碗中放入鸡块，加入盐、生抽和料酒腌制15分钟。

❸ 腌制好的鸡块加入淀粉，使每一块鸡肉都被淀粉包裹住。

❹ 打入一个鸡蛋，令鸡块完全裹匀蛋液。

❺ 再将鸡块均匀滚上一层面包糠。

❻ 烤盘放上烧烤纸，放上鸡块，入烤箱，220℃烘烤20分钟。

❼ 取出，翻面再烤5分钟，至表面金黄即可。

特色

吃炸鸡总会有负罪感？其实只要稍加改变，炸鸡也能低卡健康。利用烤箱代替油炸，鸡肉口感会更加滑嫩，油脂也大大降低了！不要压抑自己的胃口呀，吃一块吧！

主料

鸡腿肉200克
鸡蛋1个（约50克）

辅料

盐1/2茶匙·生抽1茶匙
料酒1茶匙·玉米淀粉30克
面包糠10克

食材	参考热量
鸡腿肉200克	362千卡
鸡蛋50克	76千卡
生抽5毫升	1千卡
玉米淀粉30克	102千卡
面包糠10克	60千卡
合计	601千卡

烹饪秘籍

选择烤箱烤制而非油炸，既保证鸡块金黄酥脆的口感，又控制了热量，是一道低卡又美味的料理。

传统下饭菜

青椒塞肉 荤菜

烹饪时间 15分钟
难易程度 低

做法步骤

❶ 青椒洗净，竖着切成两半，去蒂。

❷ 在青椒内壁薄薄撒一层面粉。

❸ 生姜洗净，切细丝。

❹ 碗中放入猪肉末、料酒、姜丝、生抽、盐和淀粉，搅拌均匀上劲。

❺ 将搅拌好的肉馅塞入青椒中。

❻ 平底锅烧热，倒入油，将青椒肉面朝下摆放。

❼ 小火煎10分钟，翻面煎2分钟至两面金黄即可。

特色

这是一道经典的下饭菜，青椒的加入，完美解决了猪肉末自身的肉腥味，使口感得到了升华。小火将青椒煎至表层金黄，再搭配一碗米饭一起食用。有了它，食欲不好？根本不存在。

主料

青椒2个（约120克）
猪肉末100克

辅料

生姜10克·玉米淀粉2茶匙
料酒1茶匙·盐1/2茶匙
生抽2茶匙·面粉10克·油适量

食材	参考热量
青椒120克	24千卡
猪肉末100克	143千卡
生姜10克	5千卡
玉米淀粉10克	34千卡
生抽10毫升	2千卡
面粉10克	36千卡
合计	244千卡

烹饪秘籍

在青椒内壁撒面粉是为了让肉馅能牢牢地镶嵌其中，在后续的操作过程中不易掉落。

韩式炒鱿鱼   荤菜

烹饪时间 15分钟
难易程度 低

做法步骤

❶ 鱿鱼洗净，去除表面筋膜和内脏。

❷ 将鱿鱼切成长条备用。

❸ 洋葱切丝；红黄彩椒去蒂，切丝。

❹ 取一个大碗，放入鱿鱼、韩式辣酱、生抽、白糖、番茄酱和少量清水，搅拌均匀。

❺ 将鱿鱼腌制15分钟。

❻ 炒锅烧热，倒油，放入洋葱炒香。

❼ 倒入腌好的鱿鱼，大火快速翻炒。

❽ 放入红黄彩椒，翻炒均匀即可出锅。

特色

这是韩餐店常见的一道料理，有嚼劲的鱿鱼配上韩式甜辣酱，每一口都超级浓郁。即使什么主食都不配，也能一人吃完一整盘！

主料

鱿鱼200克
洋葱1/2个（约50克）
黄彩椒20克·红彩椒20克

辅料

韩式辣酱1汤匙
生抽1汤匙·白糖1/2茶匙
番茄酱1/2茶匙·油适量

食材	参考热量
鱿鱼200克	150千卡
洋葱50克	20千卡
黄红彩椒40克	10千卡
韩式辣酱15克	16千卡
生抽15毫升	3千卡
白糖3克	12千卡
番茄酱3克	3千卡
合计	214千卡

烹饪秘籍

鱿鱼筋膜上的胆固醇很高，因此要去除。鱿鱼很容易炒老，因此大火快速翻炒才能保证鱿鱼鲜嫩的口感。

解锁土豆新吃法

黑椒土豆泥 素菜

烹饪时间 15分钟
难易程度 低

特色

吃腻了土豆的传统做法？不妨来试试这款网红土豆泥吧！软糯的土豆搭配浓郁的黑椒酱，每一口都滋味浓浓！在家也能轻松还原快餐店的美味！

主料

土豆300克

辅料

黄油5克·蚝油1茶匙
黑胡椒粉1克·玉米淀粉5克
牛奶10毫升

食材	参考热量
土豆300克	243千卡
黄油5克	44千卡
蚝油5毫升	6千卡
黑胡椒粉1克	3千卡
玉米淀粉5克	17千卡
牛奶10毫升	5千卡
合计	318千卡

做法步骤

❶ 土豆洗净，去皮，切片。

❷ 土豆放入碗中，加水至土豆的1/3处。

❸ 盖上一层保鲜膜，放入微波炉高火转10分钟。

❹ 将土豆压成土豆泥，边压边倒入牛奶搅拌。

❺ 将黄油、蚝油、黑胡椒粉、淀粉和50毫升的水一起放入锅中，加热，拌匀，熬成酱汁。

❻ 将土豆泥团成一个圆球，浇上熬好的酱汁即可。

烹饪秘籍

熬酱时一定要全程小火，熬好后立即关火，以免煳锅，影响整道菜品的口味。

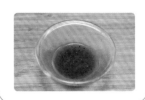

饭扫光

酱烧茄子
素菜

🕒 烹饪时间 15分钟
🔥 难易程度 低

特色

这道菜与传统酱烧茄子最大的不同，是将中式豆瓣酱换成了日式味噌酱，口味更为清淡，即使是减脂期作为晚餐来食用，也不会感觉有负担！搭配一碗米饭，妈妈再也不用担心我剩饭了！

做法步骤

❶ 茄子洗净，切滚刀块。

❷ 青椒、彩椒洗净，去蒂，切块。

❸ 平底锅放油，放入茄子，小火煸炒。

❹ 在锅中加入一大勺水翻炒。

❺ 放入味噌、白糖和生抽翻炒均匀。

❻ 放入青椒和彩椒块，翻炒均匀即可出锅。

主料

茄子150克·青椒80克
彩椒30克

辅料

味噌1汤匙·白糖1/2茶匙
生抽1茶匙·油适量

食材	参考热量
茄子150克	35千卡
青椒80克	16千卡
彩椒30克	8千卡
味噌15克	30千卡
白糖3克	12千卡
生抽5毫升	1千卡
合计	102千卡

烹饪秘籍

茄子很吸油，一般不易炒透，加一勺水能让茄子快速熟透。用水替代油，既不影响口感，又有效降低了热量。

吃不腻的咖喱

鸡蛋咖喱 素菜

⏱ 烹饪时间 15分钟
📊 难易程度 低

特色

这道鸡蛋咖喱口感丝滑，跟米饭一起食用，每一口都伴随着浓郁的香味，是一道老少咸宜的咖喱料理。

做法步骤

❶ 鸡蛋磕入碗中打散，搅拌均匀。

❷ 将蛋液过筛，保留光滑蛋液。

❸ 洋葱、彩椒洗净，切成1厘米的方丁。

❹ 炒锅烧热，倒油，放入洋葱和彩椒炒香。

❺ 倒入水烧开，放入咖喱块。

❻ 咖喱煮滚后，倒入蛋液，快速搅拌均匀，即可出锅。

主料

鸡蛋2个（约100克）
洋葱1/2个（约50克）
彩椒30克

辅料

咖喱块30克·油适量

食材	参考热量
鸡蛋100克	152千卡
洋葱50克	20千卡
彩椒30克	8千卡
咖喱块30克	162千卡
合计	342千卡

— 烹饪秘籍 —

倒入蛋液后一定要快速搅拌，才能使鸡蛋形成滑嫩的小块，吃起来也更加入味。

香味扑鼻

腊肠焖饭 主食

⏱ 烹饪时间　30分钟
🍳 难易程度　低

特色

回家就能吃到一碗热气腾腾的腊肠焖饭，是寒冷的冬季最温暖的瞬间。焖煮后的米饭浸满了腊肠的香气，每一粒都变得光泽四溢，每一口都是味蕾绝妙的体验。

主料

大米200克
腊肠2根（约50克）

食材	参考热量
大米200克	692千卡
腊肠50克	292千卡
合计	984千卡

做法步骤

❶ 将大米放入碗中，淘洗两遍。

❷ 将淘洗干净的米加入清水，没过食材，浸泡2小时。

❸ 腊肠切片。

❹ 将淘米水倒掉，换上清水，清水与米的比例是1.2∶1。

❺ 将腊肠放入淘洗好的米中，搅拌均匀。

❻ 按下煮饭键，煮熟后拌匀即可。

— 烹饪秘籍 —

选择四川腊肠或广式腊肠都可以，四川腊肠是咸口，广式腊肠是甜口，按自己的口味选择即可。

真想吃个痛快

南瓜鸡腿焖饭

⏱ 烹饪时间 60分钟
🔥 难易程度 中

做法步骤

❶ 鸡腿洗净，除去鸡腿骨，将鸡腿肉切成小块，加入30毫升酱油、料酒、胡椒粉、适量盐腌制20分钟。

❷ 南瓜洗净、去皮、切丁；洋葱去皮、切丁；香菇、香葱分别洗净，去根、切碎。

❸ 炒锅中倒入植物油，烧至七成热时加入洋葱丁炒香，随后放入鸡腿肉炒至金黄色，下入南瓜丁翻炒3分钟。

❹ 再放入香菇碎和熟青豆翻炒3分钟，加入白糖和适量盐炒匀。

❺ 大米淘净，放入电饭煲内，加入炒好的南瓜鸡腿肉丁，均匀淋入剩余酱油，加适量清水，启动焖饭程序。

❻ 待饭焖好后，用木铲搅拌均匀，撒入葱花即可。

特色

一年中只有秋季是南瓜收获的季节，选取一块金黄香甜的南瓜，配上香滑细嫩的鸡腿，和大米一起放入电饭煲中，有肉有菜有饭，这样吃才香！

主料

南瓜200克
鸡腿2个（约200克）
大米180克

辅料

洋葱 25克 · 香菇3朵
香葱1根 · 熟青豆15克
酱油60毫升 · 料酒3汤匙
胡椒粉1克 · 植物油3汤匙
白糖1/2茶匙 · 盐适量

食材	参考热量
南瓜200克	46千卡
鸡腿200克	362千卡
大米180克	623千卡
洋葱25克	10千卡
合计	1041千卡

--- 烹饪秘籍 ---

01. 南瓜和香菇会出水，因此焖饭时加水量要比平时少一些。

02. 为防止食材的熟度不均匀，蔬菜肉类需要提前炒一下，这样也会更入味。

颜值营养均在

燕麦饭团 主食

⏱ 烹饪时间 10分钟
📊 难易程度 低

特色

经常看日剧中用饭团来作为晚餐食用，饱腹又低卡。在家也能轻松还原美味的饭团，在普通的大米中加入了燕麦和糙米，丰富口感的同时，也更具营养！

主料

大米100克
燕麦米50克
糙米50克

辅料

海苔碎10克

食材	参考热量
大米100克	346千卡
燕麦米50克	189千卡
糙米50克	174千卡
海苔碎10克	62千卡
合计	771千卡

做法步骤

❶ 将大米、糙米和燕麦放入碗中，淘洗两遍。

❷ 将淘洗干净的米加入清水，没过食材，浸泡2小时。

❸ 将淘米水倒掉，换上清水。

❹ 清水与米的比例是1.2∶1。放入电饭煲中，按下煮饭键，煮熟。

❺ 在煮熟的燕麦饭中放入海苔碎，搅拌均匀。

❻ 捏成三角形饭团即可。

—— 烹饪秘籍 ——

在洗净的手上，涂上一层薄薄的香油，饭团会更好成形，味道也更加香浓。

蘑菇鱼片粥

🍲 烹饪时间 20分钟
💧 难易程度 低

做法步骤

❶ 糙米提前用温水浸泡2小时以上。

❷ 将大米淘洗干净。

❸ 蘑菇洗净，去蒂，切片。

❹ 龙利鱼切薄片。

❺ 将大米、糙米放入电饭煲中，加入水，水与米的比例是7：1，按下煮粥键，煮熟。

❻ 将蘑菇和鱼片放入粥中，小火煮5分钟，至鱼片与粥充分融合。

❼ 出锅前加入盐调味即可。

特色

龙利鱼肉质鲜美，无刺，最适合用来煮汤熬粥。在普通的大米中添加了糙米，补充了膳食纤维，也提升了口感，只需要佐以盐调味，就能得到鲜美的味道！一碗根本不过瘾！

主料

大米30克 · 糙米30克
蘑菇6朵（约40克）
龙利鱼100克

辅料

盐1/2茶匙

食材	参考热量
大米30克	104千卡
糙米30克	104千卡
蘑菇40克	10千卡
龙利鱼100克	67千卡
合计	285千卡

烹饪秘籍

如果是明火煮粥，需要提前在锅中烧开水，将米下锅，大火烧开后转小火，煮至米粒软烂即可。

口口爽滑

中式海鲜羹

⏱ 烹饪时间 10分钟
📊 难易程度 低

做法步骤

❶ 大葱切丝；蘑菇去蒂，切片。

❷ 炒锅放油，放入葱丝翻炒。

❸ 加入虾仁、海带丝和滑菇翻炒。

❹ 加水没过食材，小火煮沸。

❺ 淀粉加水调成水淀粉。

❻ 将水淀粉倒入汤中，煮至汤汁浓稠。

❼ 加盐调味即可。

特色

寒冷的冬季，来一碗海鲜羹吧！虾仁、海带和滑菇的结合，保证让你找到最鲜美的味道。我想没人可以抵抗口口丝滑的海鲜羹吧？

主料

虾仁50克
海带丝30克
滑菇50克

辅料

盐1/2茶匙
玉米淀粉1茶匙
大葱30克
油适量

食材	参考热量
虾仁50克	24千卡
海带丝30克	27千卡
滑菇50克	12千卡
玉米淀粉5克	17千卡
大葱30克	9千卡
合计	89千卡

— 烹饪秘籍 —

海带本身就有咸味，熬汤时会跟虾仁的鲜美相结合，因此除了一点盐外，不需要其他调味品。

美人汤

丝瓜花蛤汤

⏱ 烹饪时间　10分钟
🍳 难易程度　低

做法步骤

❶ 丝瓜洗净，去皮，切成滚刀块。

❷ 将花蛤提前泡入淡盐水中。

❸ 锅中烧开水，放入花蛤煮熟，将煮熟的花蛤冲洗干净。

❹ 炒锅烧热，放油，放入丝瓜翻炒，加水没过食材，煮开。

❺ 放入花蛤，小火煮5分钟。

❻ 鸡蛋磕入碗中打散，搅拌均匀。

❼ 将蛋液淋入汤中，煮1分钟。

❽ 出锅前放入盐调味即可。

特色

丝瓜也被称为"美人瓜"，其含有大量B族维生素，能美白皮肤，防止皮肤老化。将丝瓜与花蛤一起熬汤，二者彼此交融，释放出最鲜美的味道！

主料

丝瓜1根（约150克）
鸡蛋1个（约50克）
花蛤100克

辅料

盐1/2茶匙·油适量

食材	参考热量
丝瓜150克	30千卡
鸡蛋50克	76千卡
花蛤100克	45千卡
合计	151千卡

— 烹饪秘籍 —

花蛤里面有沙子，吃起来非常影响口感。因此提前用淡盐水浸泡花蛤，再洗出沙子即可。

咖喱蔬菜浓汤

咖喱新吃法

汤品

⏱ 烹饪时间 **20分钟**　　😋 难易程度 **低**

特色

新鲜的时蔬搭配鸡翅熬煮而成的咖喱汤，喝上一口，仿佛置身于印度。有肉有菜的一碗热汤，你还在等什么？

主料

鸡翅4根（约100克）
圆白菜100克·土豆80克
胡萝卜40克

辅料

咖喱块50克·油适量

食材	参考热量
鸡翅100克	194千卡
圆白菜100克	23千卡
土豆80克	65千卡
胡萝卜40克	15千卡
咖喱块50克	271千卡
合计	568千卡

做法步骤

❶ 鸡翅根洗净。

❷ 圆白菜洗净，切片；土豆和胡萝卜洗净，去皮，切成2厘米见方的块。

❸ 炒锅烧热，放油，放入鸡翅翻炒。

烹饪秘籍

咖喱块味道浓郁，做汤时完全不需要其他调料，只需小火炖煮，让食材浸满咖喱的浓香即可。

❹ 待鸡翅表面金黄，放入圆白菜、土豆和胡萝卜翻炒。

❺ 加水没过食材，大火煮开。

❻ 放入咖喱块，转小火煮15分钟，至汤汁浓稠即可。

周五多元

是时候解锁一些食材的新吃法了，美味、营养，你还等什么呢？快来试试吧！

魔力食材

魔芋炒牛肉

烹饪时间	15分钟
难易程度	低

做法步骤

❶ 魔芋斜着切成3厘米左右的块。

❷ 西蓝花洗净，掰成小朵，在淡盐水中浸泡15分钟。

❸ 胡萝卜洗净，去皮，切片。

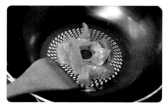

❹ 炒锅烧热，不放油，放入魔芋块翻炒，将水分炒出。

❺ 平底锅烧热，放油，放入肥牛片翻炒。

❻ 放入西蓝花、胡萝卜和适量清水，盖上锅盖焖2分钟。

❼ 将蚝油、生抽和淀粉调成酱汁。

❽ 将酱汁和魔芋倒入锅中，快速翻炒均匀即可。

特色

魔芋被人们称为"魔力食物"，不仅味道鲜美、口感爽滑，还具有减肥瘦身的作用，被越来越多的年轻人所喜爱。与牛肉搭配，使得其中饱含牛肉的香味，一口一块，非常过瘾！

主料

肥牛150克·魔芋100克
胡萝卜30克·西蓝花100克

辅料

蚝油2茶匙·生抽1茶匙
玉米淀粉1茶匙·盐少许
油适量

食材	参考热量
肥牛150克	362千卡
魔芋100克	20千卡
胡萝卜30克	12千卡
西蓝花100克	36千卡
蚝油10毫升	12千卡
生抽5毫升	1千卡
玉米淀粉5克	17千卡
合计	460千卡

烹饪秘籍

魔芋要先进行干炒，去除水分，这样才能使魔芋很好地入味。

口口滑嫩

番茄炖鳕鱼 荤菜

烹饪时间 15分钟
难易程度 低

做法步骤

❶ 用厨房纸巾将鳕鱼表层的水分吸干。

❷ 将鳕鱼切成2厘米左右的小块。

❸ 将鳕鱼块均匀裹上淀粉。

❹ 番茄洗净，顶部划十字刀，放入沸水中烫30秒，去皮。

❺ 将番茄切小丁。

❻ 炒锅烧热，倒油，放入番茄，炒至出汁。

❼ 加水没过食材，煮沸，放入番茄酱、生抽、蚝油和白糖，搅拌均匀。

❽ 放入鳕鱼块，小火煮8分钟，待汤汁浓稠即可。

特色

鳕鱼有很多种烹饪方式，其中与富含维生素的番茄一起炖，既可以保留鳕鱼的鲜嫩，又可以使其浸满酸甜的番茄汤汁，再搭配一碗米饭，真是最理想的晚餐了！

主料

鳕鱼200克·番茄1个（约170克）

辅料

番茄酱1汤匙·生抽1茶匙
蚝油1茶匙·白糖1/2茶匙
玉米淀粉10克·油适量

食材	参考热量
鳕鱼200克	176千卡
番茄170克	26千卡
番茄酱15克	12千卡
生抽5毫升	1千卡
蚝油5毫升	6千卡
白糖3克	12千卡
玉米淀粉10克	34千卡
合计	267千卡

烹饪秘籍

鳕鱼块均匀裹上淀粉，可以保证在后续煮制过程中鳕鱼不易散开，加过淀粉的鳕鱼，肉质也会更加鲜嫩。

吮手指，吃光光

芹菜虾球

（烹饪时间）50分钟
（难易程度）中

做法步骤

❶ 鲜虾洗净，去头、剥皮，留虾尾，虾背部开一刀，取出沙线，开背开深一些，但不要切断。

❷ 虾仁加入生抽、料酒、胡椒粉、少许盐腌制20分钟。

❸ 芹菜茎洗净，斜刀切成合适的段。

❹ 姜切末；蒜去皮、切片；枸杞子冲净备用。

❺ 锅中加入适量清水烧开，下入芹菜段焯烫1分钟后捞出，过冷水浸泡2分钟，捞出沥干水分。

❻ 炒锅中倒入植物油烧至七成热，放入姜末和蒜片爆香，加入腌好的虾仁，炒至变色成虾球卷。

❼ 再放入芹菜段大火翻炒2分钟。

❽ 加入蚝油、少许盐翻炒均匀，关火后盛出，撒上枸杞子点缀即可。

特色

宫保虾球、软炸虾球、糖醋虾球……都是人气超高的美味，是时候来点低脂健康的，虾球搭配芹菜，一个清脆一个爽滑，清淡、营养、鲜美，一箭三雕。

主料

芹菜茎200克
鲜虾 10只（约100克）

辅料

生抽2汤匙·料酒2汤匙
胡椒粉1克·植物油3汤匙
姜2片·蒜2瓣·蚝油2茶匙
枸杞子10粒·盐适量

食材	参考热量
芹菜茎200克	44千卡
鲜虾100克	84千卡
合计	128千卡

—— 烹饪秘籍 ——

01. 鲜虾开背开深一些，但不切断，卷出来的虾球更漂亮。

02. 蚝油本身是咸的，所以后面放盐时要控制好量。

03. 提前将芹菜和虾仁焯烫，可以减少植物油的摄入，缩短烹饪时间。

爽滑好味道

菠菜粉丝猪肉

荤菜

烹饪时间 15分钟
难易程度 低

做法步骤

❶ 猪肉切成0.5厘米厚的长片。

❷ 菠菜洗净，去除根部，切成4厘米左右的段。

❸ 粉丝放入热水中泡发。

❹ 生姜切片、大葱斜切成片。

❺ 平底锅烧热，放油，放入生姜和大葱炒香，放入猪肉片。

❻ 放入蚝油、生抽和盐翻炒，加少量清水煮沸。

❼ 加入粉丝和菠菜，盖上盖子，转小火煮5分钟，待汤汁收干即可。

特色

这是一款味道清淡的肉菜，在食欲不振的春天食用再合适不过了！猪肉的加入提升了整道菜的口感，但却不会很油腻，看似不搭的三者，带给味蕾一次奇妙的体验！

主料

猪里脊肉150克
菠菜100克 · 粉丝20克

辅料

生姜5克 · 大葱20克
蚝油1茶匙 · 生抽1茶匙
盐1克 · 油适量

食材	参考热量
猪里脊肉150克	214千卡
菠菜100克	28千卡
粉丝20克	68千卡
生姜5克	3千卡
大葱20克	6千卡
蚝油5毫升	6千卡
生抽5毫升	1千卡
合计	326千卡

烹饪秘籍

先炒后焖，这样既可以保证菜中的水分不流失，又可以使肉更入味，口感更爽滑。

美味与营养可兼得
荷兰豆里脊牙签肉 荤菜

烹饪时间 30分钟
难易程度 低

做法步骤

❶ 将猪里脊洗净，切成小块；荷兰豆洗净，切段备用。

❷ 将猪肉与料酒、蚝油、白糖、生姜、淀粉混合均匀，腌制2小时。

❸ 将腌制好的猪肉搭配荷兰豆用牙签穿起来。

❹ 烤盘底部均匀刷上橄榄油。

❺ 将牙签肉均匀铺在烤盘底层。

❻ 再用剩余橄榄油刷在牙签肉表面。

❼ 烤箱200℃预热，将烤盘送进烤箱，烤10分钟。

❽ 撒上孜然粉、黑胡椒粉，继续烤5分钟，至猪肉变色即可。

特色

荷兰人将其称为中国豆，中国人又管它叫荷兰豆。但荷兰豆最早的种植地确实不在中国，而是泰缅边境区域，所以它的口感与其他豆类也不太一样，皮脆豆嫩，搭配很多种食材味道都很不错。

主料

猪里脊肉 100克
荷兰豆 20克

辅料

料酒 2茶匙·蚝油 2茶匙
白糖 1茶匙·淀粉 10克
生姜 3克·橄榄油 2茶匙
黑胡椒粉 3克·孜然粉 2克

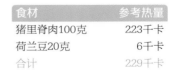

食材	参考热量
猪里脊肉100克	223千卡
荷兰豆20克	6千卡
合计	229千卡

烹饪秘籍

可以用彩椒丰富牙签肉的色彩。

吃出好气色

牛油果沙拉

素菜

🍳 烹饪时间 15分钟
🥄 难易程度 低

特色

牛油果是天然的抗衰老剂，能滋润皮肤，深受女士的喜爱。用牛油果做沙拉也非常美味，只需要搭配简单的蔬菜和鸡蛋，就能做出一盘营养美味的沙拉。

主料

牛油果1个（约200克）
鸡蛋1个（约50克）
生菜50克·苦菊20克

辅料

油醋汁1汤匙

食材	参考热量
牛油果200克	257千卡
鸡蛋50克	76千卡
生菜50克	8千卡
苦菊20克	11千卡
油醋汁15毫升	28千卡
合计	380千卡

做法步骤

❶ 生菜和苦菊洗净，沥干水分，撕成小块。

❷ 牛油果对半切开，去核，切成3厘米左右见方的块。

❸ 鸡蛋冷水下锅，煮12分钟。

❹ 煮好的鸡蛋过一遍凉水，去壳，切小块。

❺ 生菜和苦菊摆在盘中。

❻ 放上鸡蛋和牛油果，淋上油醋汁即可。

烹饪秘籍

牛油果快速去壳方法：用刀纵向围绕着果核切割牛油果，旋转一圈，再将牛油果一分为二。用刀切在牛油果核上，再左右晃动，提出刀的同时会将核带出，再用勺子挖出果肉即可。

谁说番茄只能炒蛋？

番茄炖蛋 素菜

| 烹饪时间 | 15分钟 |
| 难易程度 | 低 |

做法步骤

❶ 番茄顶部切十字花，放入沸水中烫30秒去皮。

❷ 去皮的番茄切小块。

❸ 炒锅烧热放油，放入番茄丁炒出汁水。

❹ 加水没过食材，煮沸。

❺ 放入番茄酱、盐和白糖调味。

❻ 打入2个鸡蛋。

❼ 转小火，盖上锅盖焖煮5分钟，待鸡蛋成形即可。

特色

不同于番茄炒蛋，番茄炖蛋滋味更浓郁，整个鸡蛋的加入，也为这道菜增加了口感。吃完鸡蛋剩下的番茄汤汁，无论是拌饭、还是蘸面包一起食用，都相当美味。

主料

番茄1个（约170克）
鸡蛋2个（约100克）

辅料

番茄酱1茶匙·油适量
白糖1/2茶匙·盐少许

食材	参考热量
番茄170克	26千卡
鸡蛋100克	152千卡
番茄酱5克	4千卡
白糖3克	12千卡
合计	194千卡

烹饪秘籍

番茄酱的加入，使得这道菜的番茄味更加浓郁。小火焖煮，令鸡蛋与番茄的滋味相互融合，美味无穷。

清爽好滋味
豆腐炒圆白菜 素菜

⏱烹饪时间 15分钟
🍳难易程度 低

做法步骤

❶ 圆白菜洗净，撕成大片。

❷ 胡萝卜洗净，去皮，切片。

❸ 鸡蛋磕入碗中打散，搅拌均匀。

❹ 豆腐捣碎成3厘米左右大小的块。

❺ 炒锅烧热，放油，倒入蛋液，炒碎盛出备用。

❻ 不关火，放入大葱炒香，放入圆白菜和胡萝卜翻炒。

❼ 放入豆腐，加入生抽和盐快速翻炒。

❽ 出锅前放入鸡蛋炒匀即可。

特色

这是一道很爽口的家常素菜，爽脆的圆白菜搭配口感柔滑的豆腐，两者融合出丰富的口感。豆腐的蛋白质含量是植物性食材中较高的，多食用豆腐有助于促进人体新陈代谢。

主料

豆腐200克·圆白菜200克
胡萝卜30克
鸡蛋1个（约50克）

辅料

大葱20克·盐1/2茶匙
生抽1茶匙·油适量

食材	参考热量
豆腐200克	100千卡
圆白菜200克	46千卡
胡萝卜30克	12千卡
鸡蛋50克	76千卡
大葱20克	6千卡
生抽5毫升	1千卡
合计	241千卡

烹饪秘籍

圆白菜用手撕取代用刀切，会让圆白菜更易入味，口感更好。

专治食欲不振

香葱拌豆腐 素菜

⏱ 烹饪时间 15分钟 · 难易程度 低

特色

虾皮也被称为"钙库"，富含丰富的蛋白质和矿物质，味道咸鲜，与香葱和豆腐一起凉拌食用，彼此融合后味道最为鲜美，是炎热夏季的必备小菜。

主料

内酯豆腐200克·虾皮4克
青椒10克·香葱3根（约5克）

辅料

生抽1汤匙·香油1茶匙

食材	参考热量
内酯豆腐200克	100千卡
虾皮4克	6千卡
青椒10克	2千卡
香葱5克	1千卡
生抽15毫升	3千卡
香油5毫升	45千卡
合计	157千卡

做法步骤

❶ 内酯豆腐切小块，放入盘中。

❷ 青椒洗净、去蒂，切末。

❸ 香葱洗净、去根、切末。

❹ 将香葱、青椒和虾皮，加入生抽和一点清水搅拌均匀。

❺ 浇在豆腐上。

❻ 淋上香油即可。

烹饪秘籍

虾皮本身带有咸味，因此在调味过程中只需要放少量的香油，不需要加盐。

特色

通心粉极具饱腹感，很适合作为主食食用。午餐与同事、朋友聚餐，吃得很油腻？那晚餐就选择这款低卡又饱腹的主食沙拉吧！

主料

通心粉50克·玉米粒50克
彩椒30克·生菜50克

辅料

油醋汁1汤匙·盐少许·橄榄油适量

食材	参考热量
通心粉50克	178千卡
玉米粒50克	56千卡
彩椒30克	8千卡
生菜50克	8千卡
油醋汁15毫升	28千卡
合计	278千卡

饱腹感满满

通心粉沙拉

素菜

🕐烹饪时间 15分钟　😊难易程度 低

做法步骤

❶ 锅中烧开水，加盐，放入通心粉煮10分钟。

❷ 彩椒洗净，去蒂，切小块。

❸ 生菜洗净，控干水分，掰成小段。

❹ 在煮好的通心粉上滴几滴橄榄油，搅拌均匀。

❺ 生菜铺在盘子上，放上彩椒丁、玉米粒和通心粉。

❻ 淋上油醋汁即可。

―烹饪秘籍―

煮通心粉时加盐是为了让通心粉更加爽滑弹牙，煮好后放油是让通心粉保持色泽。

咸香松软

香葱花卷

⏱烹饪时间 30分钟
难易程度 低

做法步骤

❶ 70毫升纯净水加入1克酵母，搅拌均匀。

❷ 加入120克中筋面粉，揉成面团。盖好，放到温暖的地方发酵60分钟。

❸ 香葱洗净，切末。

❹ 将发酵好的面团在案板上擀成大方片。

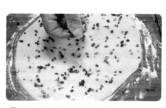

❺ 在面片上均匀刷一层油，撒上葱末和盐。

❻ 将面片卷起来，切成小段。

❼ 两小段叠放在一起，用筷子压一下。

❽ 捏紧两端，扭一下。

❾ 蒸锅放冷水，放入花卷静置10分钟。

❿ 开火，大火烧开后转小火蒸15分钟即可。

特色

咸香软糯的大花卷无论搭配什么一起食用，都超级美味！香葱的加入可以提升味道。不知道主食吃什么？不妨来试试这款吧！

主料

中筋面粉120克
香葱2根（约10克）

辅料

酵母1克·盐1克·油适量

食材	参考热量
中筋面粉120克	434千卡
香葱10克	3千卡
酵母1克	4千卡
合计	441千卡

── 烹饪秘籍 ──

在擀面之前，要在案板上撒一些面粉，防止面团与案板粘连。

软糯清甜
南瓜饼

⏱烹饪时间 30分钟
😊难易程度 低

做法步骤

❶ 南瓜去皮，去除瓜瓤，切块。

❷ 蒸锅烧开水，放入南瓜蒸10分钟。

特色

香甜的南瓜搭配糯米粉，软糯的口感有谁能拒绝？即使在食欲不振的夏季，鲜艳的颜色、香软的口感，也绝对能保你胃口大开！

❸ 蒸好的南瓜趁热加入白糖，搅拌均匀，至白糖完全化开。

❹ 将搅拌均匀的南瓜糊放至不烫手的温度。

主料

南瓜200克·糯米粉100克
白糖5克·油少许

食材	参考热量
南瓜200克	46千卡
糯米粉100克	350千卡
白糖5克	20千卡
合计	416千卡

❺ 倒入糯米粉，少量多次添加，揉匀。

❻ 揉成不粘手的程度，将南瓜分成小圆球。

— 烹饪秘籍 —

如果南瓜面团粘手且不易成形，是因为南瓜水分太多而糯米粉太少，往里面加适量糯米粉即可。

❼ 将分好的南瓜球按扁。

❽ 平底锅烧热，刷一层薄薄的油，放入南瓜饼，小火煎至两面金黄即可。

鲜美好滋味

韭菜饼 主食

⏱ 烹饪时间 10分钟　　⚙ 难易程度 低

特色

韭菜具有独特的鲜美的味道。除了作为炒菜食用，将韭菜与面粉做成饼也很美味。韭菜的膳食纤维含量很高，可促进肠蠕动，有助于预防便秘。

主料

韭菜150克·鸡蛋1个（约50克）
中筋面粉50克

辅料

盐1/2茶匙·油适量

食材	参考热量
韭菜150克	38千卡
鸡蛋50克	76千卡
中筋面粉50克	181千卡
合计	295千卡

做法步骤

❶ 韭菜洗净，切成3厘米左右的段。

❷ 取一个大碗，放入面粉、韭菜，打入1个鸡蛋，放入盐和适量清水。

❸ 搅拌均匀，静置10分钟。

烹饪秘籍

搅拌好面糊后，一定要静置10分钟。静置完的面糊会变稀很多，这样做出来的饼口感更好。

❹ 平底锅烧热，刷一层薄薄的油，舀入一勺面糊。

❺ 用铲子迅速摊平。

❻ 待表面凝固后，翻面再烙1分钟即可。

特色

海带又名江白菜。海带含有丰富的钾、碘等矿物质，能促进身体的新陈代谢，有利水消肿等作用。与排骨一起煲汤食用，二者最精华的营养都被释放出来，一口暖汤功效无穷。

化身养生达人

海带排骨汤 （汤品）

⏱ 烹饪时间 10分钟　　😓 难易程度 低

主料

海带50克 · 排骨200克

辅料

生姜20克 · 盐1/2茶匙 · 料酒1汤匙

食材	参考热量
海带50克	45千卡
排骨200克	556千卡
生姜20克	10千卡
合计	611千卡

做法步骤

❶ 生姜洗净，切片。

❷ 锅中烧开水，放入洗净的排骨，焯一下水。

❸ 将焯好水的排骨用流动的水将血沫冲洗干净。

烹饪秘籍

如果喜欢更软糯一些的海带，可以提前将海带放入锅中，与排骨一起多煮一会儿。海带的口感由炖煮的时间决定。

❹ 砂锅加入600毫升清水，放入排骨、姜片和料酒，大火烧开，转中火煮40分钟。

❺ 放入海带，再煮15分钟。

❻ 将姜片挑出，加入盐调味即可。

韩式大酱汤

汤品

⏱ 烹饪时间　20分钟
🥄 难易程度　低

做法步骤

❶ 花蛤洗净，放入清水中，滴几滴香油，浸泡20分钟。

❷ 将豆腐和西葫芦切成2厘米左右见方的块。

❸ 豆芽择洗干净。

❹ 锅中烧开水，放入花蛤煮1分钟。

❺ 将煮好的花蛤用清水冲洗干净。

❻ 砂锅烧开水，放入韩式大酱和生抽搅拌均匀。

❼ 放入豆腐、西葫芦和豆芽，小火煮10分钟。

❽ 锅再次烧开后，放入花蛤再煮1分钟即可。

特色

韩式大酱汤与日式味噌汤有异曲同工之妙，都是利用大酱搭配新鲜的蔬菜熬煮而成的汤品。其味道鲜美，简单搭配一碗白米饭，都已足够美味！

主料

花蛤50克·豆腐50克
西葫芦50克·豆芽30克

辅料

韩式大酱1汤匙
生抽1茶匙·香油少许

食材	参考热量
花蛤50克	23千卡
豆腐50克	25千卡
西葫芦50克	10千卡
豆芽30克	5千卡
韩式大酱15克	21千卡
生抽5毫升	1千卡
合计	85千卡

烹饪秘籍

在浸泡花蛤的水中滴几滴香油，可以让花蛤更容易吐净沙子。

暖手汤
泡菜豆腐汤 汤品
烹饪时间 10分钟　难易程度 低

特色

这是一道在韩剧中最常出现的汤，也是韩餐馆点餐率很高的一款汤品，其味道鲜美，因此受到越来越多国人的喜爱。寒冷的冬季，来一碗泡菜豆腐汤最合适不过了！

主料

泡菜100克·豆腐100克·豆芽20克

辅料

韩式辣酱1茶匙·生抽1汤匙
白糖1克·大葱20克·油适量

食材	参考热量
泡菜100克	26千卡
豆腐100克	50千卡
豆芽20克	3千卡
韩式辣酱5克	5千卡
生抽15毫升	3千卡
白糖1克	4千卡
大葱20克	6千卡
合计	97千卡

做法步骤

❶ 豆腐洗净，切成2厘米左右见方的块。

❷ 大葱洗净，斜切成片。

❸ 豆芽择洗干净。

❹ 砂锅烧热，放油，放入大葱和泡菜炒香。

❺ 倒入清水煮开，放入韩式辣酱、生抽和白糖。

❻ 放入豆腐和豆芽，转小火煮10分钟即可。

烹饪秘籍

泡菜本身就有咸味，因此在料理过程中就不需要再放盐了。放白糖可以起到很好的提鲜作用。

周末调和

辛苦了一周，给自己一些奖励吧。卸下疲惫和压力，准备一餐丰富的饭菜，这才是属于周末的烟火气啊。

一口一个
芦笋蒸肉卷 荤菜

烹饪时间	15分钟
难易程度	低

特色

芦笋含有人体所需要的多种氨基酸，营养美味，与鸡胸肉一起食用，味道清淡柔和。忙碌了一周的身体和胃口，在周末缓解一下吧！

主料

鸡胸肉150克
芦笋9根（约100克）

辅料

盐1/2茶匙·生抽1汤匙
料酒1茶匙·柠檬汁1茶匙

做法步骤

❶ 芦笋洗净，切成6厘米左右的长段。

❷ 鸡胸肉横向切成薄片。

食材	参考热量
鸡胸肉150克	200千卡
芦笋100克	22千卡
生抽15毫升	3千卡
柠檬汁5毫升	2千卡
合计	227千卡

❸ 将切好的鸡胸肉放入生抽、料酒和盐，腌制15分钟。

❹ 取3根芦笋，卷入腌制好的鸡胸肉中。

❺ 锅中烧开水，放入卷好的芦笋鸡肉卷，蒸8分钟。

❻ 在蒸好的芦笋鸡肉卷上淋上一点柠檬汁即可。

烹饪秘籍

使用脂肪含量很少的鸡胸肉，再搭配蒸制的方法，最大限度地控制了热量的摄入，却不会影响口感。

温暖的味道

时蔬鸡肉卷

(烹饪时间) 15分钟
(难易程度) 低

做法步骤

❶ 鸡胸肉洗净，剁成肉泥。

❷ 胡萝卜洗净，去皮，切末。

❸ 淀粉加水，搅拌成水淀粉。

❹ 鸡肉泥加入胡萝卜，放入盐，顺时针搅拌上劲。

❺ 锅中烧开水，将白菜叶烫30秒捞出，放入鸡肉馅，卷起来包紧。

❻ 蒸锅烧开水，放上鸡肉卷，蒸10分钟。

❼ 另取一锅，烧开少量清水，放入蚝油和生抽，搅拌均匀成酱汁。

❽ 将水淀粉倒入酱汁中，煮至酱汁浓稠。

❾ 将酱汁浇在蒸好的鸡肉卷上即可。

特色

在所有的烹饪手法中，唯独蒸得以保留食物最原始、最鲜美的味道。新鲜的白菜叶卷上鸡肉与时蔬调成的馅料，上锅蒸制后，鲜嫩多汁，是最温暖人心的味道了！

主料

白菜叶4张（约20克）
鸡胸肉250克·胡萝卜50克

辅料

盐1/2茶匙·生抽1茶匙
蚝油1茶匙·玉米淀粉1茶匙

食材	参考热量
白菜叶20克	4千卡
鸡胸肉250克	333千卡
胡萝卜50克	20千卡
生抽5毫升	1千卡
玉米淀粉5克	17千卡
蚝油5毫升	6千卡
合计	381千卡

烹饪秘籍

鸡胸肉去除表层筋膜，更容易剁成泥。在口感上，去除筋膜的鸡肉，也更加滑嫩。

最爱那肉香

香菇酿肉 荤菜

🍲 烹饪时间　15分钟
🥄 难易程度　低

特色

香菇肉饼是我在餐馆很喜欢点的一道菜，香菇独特的味道与猪肉相融合，每一口都吃得超级满足。这道看似很复杂的菜，其实在家也能轻松还原！

做法步骤

❶ 香菇洗净，去蒂。

❷ 生姜切丝、大葱切末。

❸ 将姜丝、葱末、盐和生抽放入猪肉末里，搅拌均匀。

❹ 加入淀粉，继续搅拌。

❺ 在香菇内壁涂抹一层薄薄的面粉，酿入猪肉馅。

❻ 蒸锅烧开水，放入酿香菇，大火蒸10分钟即可。

主料

猪肉末120克
香菇6个（约10克）

辅料

生姜10克・大葱10克
盐1克・生抽1茶匙
玉米淀粉2茶匙・面粉少许

食材	参考热量
香菇10克	3千卡
猪肉末120克	171千卡
生姜10克	5千卡
大葱10克	3千卡
玉米淀粉10克	34千卡
生抽5毫升	1千卡
合计	217千卡

烹饪秘籍

除了用蒸锅蒸制，也可以选择用微波炉加热。将酿香菇放于微波炉专用盘中，盖上保鲜膜，高火加热5分钟即可。

葱香扑鼻，一纸鱼味

纸包鱼柳

（⏱ 烹饪时间）20分钟
（🍳 难易程度）中

做法步骤

❶ 烤箱预热180℃。香葱切细末。巴沙鱼化冻、洗净。

❷ 用厨房纸按压吸干巴沙鱼的水分。

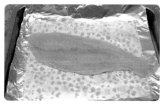

❸ 在烤盘上依次放上锡纸、烘焙纸，中间摆上巴沙鱼。

❹ 先用烘焙纸折叠包裹好巴沙鱼，再用锡纸包裹固定。逐层裹严。

❺ 送入烤箱中层，烤15分钟。

❻ 炒锅烧热，加食用油、香葱，小火炒至葱白焦黄、香葱末浮起。

❼ 加入蒸鱼豉油和1汤匙清水，烧开即可关火。

❽ 取出巴沙鱼柳装盘，淋上1汤匙葱油即可。

特色

巴沙鱼柳无鳞无刺，整片鱼柳很好烹饪，作为蛋白质来源是很好的。忙的时候，只需包起来烤一烤。肉质鲜嫩，葱香下饭，胜在快捷，吃得舒服。

主料

巴沙鱼柳200克

辅料

食用油2汤匙
蒸鱼豉油2汤匙
香葱20克

食材	参考热量
巴沙鱼柳200克	166千卡
香葱20克	5千卡
合计	171千卡

—— 烹饪秘籍 ——

将香葱切末炸葱油，用时短，里面的香葱吃起来也方便。

蘑菇大变身
三文鱼烧蘑菇
荤菜

⊙烹饪时间 15分钟
⊙难易程度 低

特色

三文鱼中的蛋白质含量要高于其他鱼类，营养丰富。除了生食外，与鲜美的蟹味菇一起烧制食用也很美味。这道菜鲜嫩多汁，入口即化，晚餐的主打菜非他莫属了！

主料

三文鱼150克·蟹味菇50克

辅料

盐1克·胡椒粉1克
生抽1汤匙·香葱10克·油适量

做法步骤

❶ 三文鱼用厨房纸巾吸干水分。

❷ 蟹味菇去根，洗净。

食材	参考热量
三文鱼150克	209千卡
蟹味菇50克	16千卡
胡椒粉1克	4千卡
生抽15毫升	3千卡
香葱10克	3千卡
合计	235千卡

❸ 香葱洗净，切末。

❹ 平底锅倒油，烧热，放入蟹味菇，加入盐、胡椒粉和生抽，翻炒均匀，在锅中铺平。

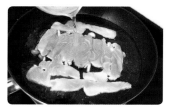

❺ 放入三文鱼，加水没过食材，盖上锅盖，焖10分钟。

❻ 出锅前撒上香葱末即可。

━ 烹饪秘籍 ━

蘑菇在烧制的过程中会出水，所以先在锅中铺上蘑菇，再放入三文鱼，这样三文鱼和蘑菇两者的鲜味都得到了提升。

下酒神器

菜心小银鱼

烹饪时间 15分钟
难易程度 低

特色

这是一道很适合在周末的晚上食用的下酒小菜。鲜美的银鱼，只需简单调味就足够美味。约上三五好友在家中小酌，可不能少了这道小菜呀！

主料

菜心100克·小银鱼10克

辅料

生抽1汤匙·油适量

食材	参考热量
菜心100克	28千卡
银鱼10克	11千卡
生抽15毫升	3千卡
合计	42千卡

做法步骤

❶ 菜心洗净，切成5厘米左右的段。

❷ 炒锅烧热，不倒油，加入小银鱼干炒，至小银鱼变软。

❸ 将炒好的小银鱼盛出备用。

❹ 炒锅烧热，放油，放入菜心翻炒至变软。

❺ 放入炒好的小银鱼，继续翻炒。

❻ 倒入生抽，快速翻炒几下即可出锅。

—— 烹饪秘籍 ——

小银鱼本身就有咸味，因此不需要额外放盐，也有效地控制了一餐中盐的摄入。

最家常的味道
土豆炒青椒 素菜

🕐 烹饪时间　15分钟　　难易程度　低

特色

这是一道再家常不过的菜肴了。土豆和青椒搭配在一起，炒出的味道十分迷人，令人无法忘记！简单的一道炒菜，配上一碗米饭就足矣！

主料

土豆1个（约120克）
青椒1个（约60克）

辅料

盐1/2茶匙·生抽1茶匙·油适量

食材	参考热量
土豆120克	97千卡
青椒60克	12千卡
生抽5毫升	1千卡
合计	110千卡

做法步骤

❶ 土豆洗净，削皮，切成4厘米左右长的条。

❷ 土豆条放入清水中，多换几次清水，冲洗干净。

❸ 青椒洗净，去蒂，切成细长条。

❹ 炒锅放油，放入青椒翻炒至软。

❺ 放入土豆条、盐和生抽，翻炒均匀。

❻ 加水没过食材，盖上锅盖，小火煮至水分收干即可。

烹饪秘籍

土豆的淀粉含量较高，炒之前泡水可以让淀粉析出，这样炒出来的土豆口感更好。

特色

这是在吃春饼时常点的一道菜。最普通的食材也能激发出最美妙的味道，只需要简单几步，就能轻松搞定一道营养美味的菜肴，还不快来试试？

春饼好搭档

炒合菜 素菜

🕐烹饪时间 15分钟　　👨‍🍳难易程度 低

主料

鸡蛋2个（约100克）
韭菜100克·豆芽100克

辅料

盐1/2茶匙·大葱20克
大蒜5瓣（约10克）·油适量

食材	参考热量
鸡蛋100克	152千卡
韭菜100克	25千卡
豆芽100克	16千卡
大葱20克	6千卡
大蒜10克	13千卡
合计	212千卡

做法步骤

❶ 韭菜洗净，切成5厘米左右的段；豆芽择洗干净。

❷ 大葱切丝；大蒜剥皮，切片。

❸ 鸡蛋磕入碗中打散，搅拌均匀。

❹ 炒锅烧热，放油，倒入蛋液炒散，盛出备用。

❺ 炒锅烧热，放入葱、蒜爆香，放入韭菜和豆芽炒软。

❻ 放入炒好的鸡蛋，加盐调味，即可出锅。

烹饪秘籍

豆芽和韭菜都是很好熟的菜，过分炒制容易变老，因此要大火快炒。

清凉爽口

凉拌菠菜魔芋 素菜

⏱ **烹饪时间** 15分钟
🍳 **难易程度** 低

特色

鲜嫩的菠菜搭配爽滑弹牙的魔芋，再佐以咸香的味噌酱，一起凉拌食用，最适合炎热的夏季。食欲不振？根本不存在！

做法步骤

❶ 菠菜洗净，切成4厘米左右长的段。

❷ 锅中烧开水，放入菠菜烫30秒捞出。

❸ 将魔芋块斜切成小块。

❹ 将魔芋块放入锅中煮1分钟，捞出，沥干水分。

❺ 取一个大碗，放入味噌酱、生抽和白糖，加一点清水，搅拌均匀。

❻ 将调好的酱汁与菠菜和魔芋块搅拌均匀即可。

主料

菠菜100克・魔芋50克

辅料

味噌酱1汤匙
生抽1茶匙・白糖1/2茶匙

食材	参考热量
菠菜100克	28千卡
魔芋50克	10千卡
味噌酱15克	30千卡
生抽5毫升	1千卡
白糖3克	12千卡
合计	81千卡

─── 烹饪秘籍 ───

将魔芋块用热水煮一下，有助于去除魔芋块的涩味，从而大大提升口感。

主食界的颜值担当
紫薯饼

⏱ 烹饪时间	30分钟
💧 难易程度	低

做法步骤

❶ 蒸锅烧开水，紫薯洗净去皮，放入锅中蒸15分钟。

❷ 在蒸好的紫薯中趁热加入白糖和牛奶，搅拌成紫薯泥。

❸ 将搅拌均匀的紫薯糊放至不烫手的温度。

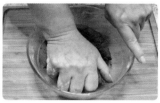

❹ 倒入糯米粉，少量多次添加，揉匀。

❺ 揉成不粘手的程度，将紫薯面团分成小圆球。

❻ 将分好的紫薯球按扁。

❼ 平底锅烧热，刷一层薄薄的油，放入紫薯饼，小火煎至两面金黄即可。

特色

紫薯营养丰富，味道香甜，受到越来越多的人喜爱。用紫薯和糯米粉做成的紫薯饼，味道软糯香甜，每次多做一些，除了当做晚餐的主食，还可以用来做下午茶点心呢！

主料

紫薯200克·糯米粉100克
白糖5克·牛奶40毫升

辅料

油少许

食材	参考热量
紫薯200克	212千卡
糯米粉100克	350千卡
白糖5克	20千卡
牛奶40毫升	22千卡
合计	604千卡

— 烹饪秘籍 —

除了蒸锅蒸紫薯，也可以将紫薯切成小块，盖上一层保鲜膜，放入微波炉高火5分钟即可。

口感丰富

红豆粗粮饭 主食

⏱ 烹饪时间 **15分钟** · 💗 难易程度 **低**

特色

周末在家休息，给自己煮一碗营养均衡的粗粮饭吧！红豆味道香甜，与大米一起煮出来的饭不仅颜色好看，味道也是超级棒！

主料

大米100克·红豆50克
小米20克·燕麦米20克

食材	参考热量
大米100克	346千卡
红豆50克	162千卡
小米20克	72千卡
燕麦米20克	75千卡
合计	655千卡

做法步骤

❶ 红豆提前一晚洗净，泡水。

❷ 将大米、小米和燕麦米放入碗中，淘洗两遍。

❸ 将淘洗干净的米加入清水，没过食材，浸泡2小时。

❹ 将淘米水倒掉，换上清水，清水与米的比例是1.2：1。

❺ 全部食材连同清水放入电饭煲中，按下煮饭键，煮熟即可。

━ 烹饪秘籍 ━

红豆提前一晚泡水，这样可保证煮出来的红豆更加软烂。

特色

山药几乎不含任何脂肪，具有健脾益胃、助消化等功效。与小米一起熬煮而成的粥，香甜软糯。周末懒得做饭？来碗热乎乎的粥暖暖胃如何？

秒变养生达人
山药二米粥
粥品

烹饪时间 **20分钟**　难易程度 **低**

主料

大米30克·小米15克·山药60克

食材	参考热量
大米30克	104千卡
小米15克	54千卡
山药60克	34千卡
合计	192千卡

做法步骤

❶ 小米提前用温水浸泡3小时以上。

❷ 将大米淘洗干净。

 烹饪秘籍

把山药外皮洗干净后，需要带个手套再削皮，这样可以避免削完皮后手痒。

❸ 山药洗净，去皮，切成2厘米大小的滚刀块。

❹ 大米、小米和山药一起放入电饭煲中，加水，水与米的比例是5：1。

❺ 按下煮粥键，煮熟即可。

滋润甘甜的健康饮品

山药花生莲藕露 （汤品）

⏱ 烹饪时间 **30分钟**　💧 难易程度 **简单**

特色

若早餐非要选一款饮品，可以没有豆浆，但必须有山药花生莲藕露，入口清香，搭配中西餐均可！

主料

山药200克

辅料

莲藕60克
花生仁60克
蜂蜜适量

食材	参考热量
山药200克	114千卡
莲藕60克	28千卡
花生仁60克	344千卡
合计	486千卡

做法步骤

❶ 花生仁洗净，浸泡在清水中1小时，剥去红衣备用。

❷ 山药、莲藕分别洗净，去皮，切小块。

❸ 将山药块、莲藕块、花生仁一同放入豆浆机中，加适量清水，启动米糊功能。

❹ 待山药莲藕花生露打好后盛入容器中，凉至40℃以下加蜂蜜即可。

— 烹饪秘籍 —

花生去红衣，打出来的花生露口感更细腻。

特色

炎热的夏季，绿豆汤是家家户户常备的饮品，其清热解暑，味道香甜，深受男女老少的喜爱！

解暑好帮手

绿豆汤 汤品

🕐 烹饪时间 20分钟
🎚 难易程度 低

主料

绿豆50克·冰糖5克

食材	参考热量
绿豆50克	165千卡
冰糖5克	20千卡
合计	185千卡

做法步骤

❶ 绿豆提前用温水浸泡3小时以上。

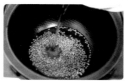

❷ 将绿豆放入电饭煲中，加入水，水与米的比例是5：1。

❸ 按下煮粥键，煮熟。

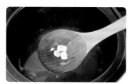

❹ 煮熟后放入冰糖，再小火煮几分钟即可。

— 烹饪秘籍 —

如果想喝绿豆汤，就适量减少绿豆的比例，或者多放水。

排骨玉米汤

⏱ 烹饪时间　10分钟
📖 难易程度　低

做法步骤

❶ 玉米剥皮，洗净，切小段。

❷ 生姜洗净，切片。

❸ 锅中烧开水，放入洗净的排骨，焯一下水。

❹ 用流动的水将焯好水的排骨冲洗净血沫。

❺ 砂锅加入600毫升清水，放入排骨、姜片和料酒，大火烧开，转中火煮40分钟。

❻ 放入玉米，再煮30分钟。

❼ 将姜片挑出，加入盐调味即可。

特色

繁忙的工作日，很少有时间给自己煲一碗汤。趁着周末犒劳一下自己吧！煮得软烂的排骨，搭配香甜的玉米，保证一碗不过瘾！

主料

玉米1根（约100克）
排骨200克

辅料

生姜20克
盐1/2茶匙
料酒1汤匙

食材	参考热量
玉米100克	112千卡
排骨200克	556千卡
生姜20克	10千卡
合计	678千卡

烹饪秘籍

玉米段的大小可依自己的习惯来切，如果切得比较大，需要延长煮制的时间。

吃出健康系列

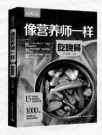